解码自控力

建华◎编著

中国纺织出版社

内 容 提 要

盲目放纵是自控力的腐蚀剂，那么，自控力是征服放任的有效武器。人应该支配习惯，而决不能让习惯支配人。

本书通过对心灵、身体、时间、知识、欲望、情绪、习惯等方面作详细的阐述，论证了修炼自控力的必要性。通过此书，不仅可以解码自控力，而且可以促使你更有效地提升自控力。

图书在版编目（CIP）数据

解码自控力 / 建华编著.--北京：中国纺织出版社，2018.6（2024.1重印）

ISBN 978-7-5180-4510-5

Ⅰ.①解… Ⅱ.①建… Ⅲ.①自我控制—通俗读物 Ⅳ.①B842.6-49

中国版本图书馆CIP数据核字（2017）第315163号

责任编辑：闫 星　　特约编辑：李 杨　　责任印制：储志伟

中国纺织出版社出版发行

地址：北京市朝阳区百子湾东里A407号楼　邮政编码：100124

销售电话：010—67004422　传真：010—87155801

http：//www.c-textilep.com

E-mail：faxing@c-textilep.com

中国纺织出版社天猫旗舰店

官方微博http：//weibo.com/2119887771

永清县晔盛亚胶印有限公司印刷　各地新华书店经销

2018年6月第1版　2024年1月第3次印刷

开本：710×1000　1/16　印张：13.5

字数：203千字　定价：45.00元

前言

红狐狸为了捕获野鸭子，可以连续几天潜伏在冰天雪地的沼泽地，因为有着顽强的耐力，它们缓慢地没有声息地接近鸭子，当鸭子无意游开了，红狐狸就会失望地退回原处等候着。为了寻找食物，红狐狸可以这样往返几十次，连续一个多月，直到逮住野鸭子为止。看起来，红狐狸善于控制自己的行为，实际上它是在漫长的生存历史中慢慢形成了一种捕获食物的本能。就连动物都可以为了实现某个目的来控制自己，那对于有思维的人来说更应该善于自控。

自控力属于意志的范畴，通常情况下，那些自控力较强的人，往往意志比较坚强，因为自控需要意志力。意志力并不是与生俱来的，而是人们在生活实践中慢慢培养和锻炼出来的，自控力就是指一个人在意志行动中控制自己的情绪，约束自己的言行的能力。自控力主要表现在两个方面，一方面是自己在实际生活中克服不利于自己的恐惧、犹豫、懒惰等，另一方面是善于在实际行为中抑制冲动行为。自控力对人们走向成功有着非常重要的作用，毫不夸张地说，美好的人生建立在自我控制的基础上。

罗伊·L·史密斯说过：“自制力宛若受到控制的火焰，正是它造就了天才。”自控力就是虽然你不想做一些事情，不过还是尽最大努力去做，这样你就能做成你想做的事情。没有自控力，就永远不可能成功。成功者有足够的勇气接受精神上和肉体上的磨炼，愿意接受超出自己想象的任务并倾尽全力去完成它。生活中，他们往往让思维保持活跃度，思考一些有挑战性的问题，不断地思考需要认真对待的事情以培养自己的自控力。这种经过后天培养而来的自制力，决定了人们在关键时候的所作所为。

一个人总会有松懈、懒惰、放纵的时候，修炼自控力可以让我们更趋向于完美，更能适应快节奏的现代生活，更容易获得成功。

编著者

2018年2月

目录

第 01 章

做心灵的管理者，让强大的内心充盈你的人生

世间万物，凡事种种，皆由心生。如果一个人的内心足够强大，那么生活中他也是强大的；如果一个人内心脆弱，那么他在生活中也是脆弱的。所以，如果想要在生活中成为强者，就得从“心”开始。

自信是成功的基石

要想获得成功，人们必须具备很多方面的因素，其中自信就是成功的基石，也是成功必不可少的条件。你可曾看过一个胆小怯懦、自卑畏缩的人获得成功？只怕机会摆在这样的人面前，他们也很难抓住。只有自信的人，才能做到勇敢果断地抓住机会，改变自己的人生。

站在自信的人生基石上，我们会变得底气十足，也能够具有更加向上的动力。正如起义军的首领陈胜所说的，“王侯将相宁有种乎”？大多数出身卑微的人也许会因为起点太低，导致在人生路上觉得自己处处不如别人，尤其是在那些自以为是的富二代官二代面前，他们更觉得低人一等。其实，这是完全没有必要的。只要我们足够努力，起点的高低并不能决定我们人生的成就。陈胜之所以最终成功带领起义，并非只是偶然，他早在当雇农的时候，就说“燕雀安知鸿鹄之志哉”，由此表现出他对人生的野心勃勃。

人们常说，天生我材必有用。的确，每个人来到这个世界上，也许很多方面都远远落后于他人，但是一定有着自己的可取之处。我们唯有发现自身的优点和长处，才能不再妄自菲薄，也能够信心十足地掀开人生的篇章。

1951年，英国科学家弗兰克林拍摄了一张关于DNA的X射线衍射照片。照片非常清晰，能够看到DNA的双螺旋结构。弗兰克林为此兴奋不

已，当即展开了研讨会，主题就是DNA双螺旋结构。这个重大发现让整个学术界都为之震惊，弗兰克林在研讨会结束后也继续深入钻研，想要得到更加突破性的成功。然而，随着研究的不断推进，弗兰克林非但没有逐步验证自己的发现，反而越来越怀疑自己，最终他全盘否定了自己此前的观点，也放弃了对DNA双螺旋结果的研究。

1953年，没有任何名气的克里克和沃森也通过照片发现了DNA的分子结构，他们没有因为弗兰克林此前的失败就止步不前，而是坚持相信自己的发现，而且齐心协力进行更加深入的研究。很快，他们也正式提出了对于DNA双螺旋结构的设想。他们信心十足，而且从始至终没有丝毫的动摇。就这样，他们成为了真正发现DNA双螺旋结构的人，并且因此青史留名。他们的发现对于整个人类世界都影响深远，不但为医学界很多难以攻克的医学难题提供了解决的可能性，并且还推动了医学的进步。1962年，他们因为这个重大发现获得了诺贝尔医学奖，从此在医学史上留下了璀璨的一笔。

一切科学研究，最初的时候都以假设的形式出现，随后在人们的深入研究中得到确认。纵观古今中外，不乏有人像弗兰克林一样对于自己的观点毫无信心，最终选择放弃，因而平庸地度过一生。相反，也有凤毛麟角者能够坚持自己的观点，并且为了证实自己的假设不懈努力。当然，可以想象期间的过程必然是艰难的，必须排除万难，坚持不懈，并且靠着充足的信心，人们才能最终梦想成真，从而证实自己的实力和能力。可以说，一切伟大的成就都起源于信心，倘若没有信心，则一切都会半途而废，戛然而止。尽管我们只是普通而又平凡的人，人生的道理却是相同的，我们也必须有信心，才能迎接人生的挑战，跨越人生的困境，最终得到长足的发展，获得伟大的成就，也实现成功的人生。

作为著名的成功学大师，卡耐基一直非常重视信心对人的影响。他曾说过，他最想要留给子女的财产就是自信和勇气，而不是所谓的金钱。朋友们，从现在开始就让我们相信自己，并且为了自信付出加倍的努力吧！自信不但是我们成功的奠基石，也是促使我们展开切实行动的促动力。只有行走在路上，我们才能发现前路更加美好震撼的风景。

正能量的自我暗示，战胜自卑

在现实生活中，自信的好处不言而喻。尤其是在时而风平浪静，时而狂风骤雨的人生面前，拥有自信更是能够帮助我们增强承受力，也使我们的内心世界更加坚强。著名心理学家马斯洛深谙心理学，他对于自信也给予了至高无上的评价。马斯洛认为，自信的人更加宽容，他们能够接受他人的不完美，就像接受大自然的各种特点，并且对此毫不怀疑，全盘接受。这样的宽容和善，正是自信给予人们的馈赠。

不够自信会给人带来很多负面影响，诸如总是喜欢推脱责任，在需要承担或者面对挑战时也不断地退缩，与人相处时更是胆小慎微、敏感多疑等。如此一来，导致自卑者不但事业发展受到阻碍，日常生活也会遭遇重重艰难险阻，与人的相处也必然产生障碍。

心理学家经过研究发现，很多人之所以不够自信，就是自信的天敌自卑导致的。自卑的人时时刻刻否定和怀疑自己，这就像是在扼杀自己的精神和意志，也是一种形而上的自杀。此外，胆小慎微的人也缺乏自信，他们总是过度思虑，因为导致杞人忧天，一旦出现需要承担责任的局面，就会马上退缩不前，恨不得逃得远远的。除此之外，自卑的人、

性格本身存在缺陷的人、庸俗浮躁的人，都会缺乏自信，导致人生碌碌无为，平平庸庸。其实，这些原因都有一个共同点，那就是很消极，缺乏积极乐观的导向，因而容易变得颓废沮丧。

为了改变自身的消极状态，我们最好的办法就是进行积极的自我暗示。比如有些成功学励志大师会要求学员们不遗余力地嘶喊："我很棒，我很棒，我很棒！"尽管很多人都觉得这样的形式显得很可笑，但是不可否认，形式上如果能够到达一定程度的努力，心理上也会发生相应的改变。尤其是在遇到困境时，积极的自我暗示和消极的自我暗示更会产生天壤之别，也会给事情的结果带来巨大的差异。

作为美国纽约第53任州长，罗杰·罗尔斯也是纽约历史上第一位黑人州长。

小时候，罗杰·罗尔斯生活在纽约著名的贫民窟——大沙头贫民窟。那里的环境很差，人人都习惯以拳头说话，动辄就打架斗殴，因而成为了无家可归的流浪汉和偷渡者的天堂。很多孩子从小在那里长大，都受到了严重的负面影响，成人之后也成为社会的渣子，不是打架斗殴，就是吸毒，总而言之，几乎很少有孩子长大之后能获得正常体面的人生。但是，罗杰·罗尔斯做到了，他从大沙头贫民窟长大，走出来，最终成功考入大学，后来成为了州长。

在罗杰·罗尔斯就任州长之后举行的记者招待会上，很多记者都提出了共同的问题，他们都想知道罗杰·罗尔斯是如何当上州长的。对此，罗尔斯并没有过多地讲述自己个人的奋斗史，而是提起了自己小学时期的校长——皮尔·保罗。

原来，罗杰·罗尔斯小时候就读的小学校风很差，时值美国正流行嬉皮士，所以学校里的大多数孩子都非常颓废，整日无所事事，人生也毫无目标可言。但是，皮尔·保罗校长来到学校，不由得为此焦急不已。尤其是看到孩子们整日打架斗殴，甚至对旷课也习以为常，就决定要想出一个好办法引导孩子们认真对待人生，努力学习。经过和孩子们的一番相处之后，皮尔·保罗校长发现孩子们普遍都很迷信，因而他灵机一动，想出了一个好计谋。每当给孩子们上课，他就大肆宣扬自己的看手相技术非常高超，而且每一个经他看过手相的人长大之后都很有出息，或者发财了，或者成为州长、议员，总而言之绝不平庸。为此，孩子们都争抢着让校长看手相，罗杰·罗尔斯也不例外。尽管罗杰·罗尔斯现在无法详细回忆起当时的情形，但是他很清楚地记得当时学生之间流传的一句话："手相先生进屋，个个都是贵人。"毫无疑问，他也让校长看手相了，而且在校长的生动描绘下，开始对人生充满希望和憧憬。正是在这个信念的支撑下，他才走过了艰难坎坷的人生，最终成为州长，也彻底改变了没有黑人担任过纽约州长的历史。

从上述事例中我们当然能够知道，罗杰·罗尔斯并不是因为被校长看过了手相，才导致命运出现转机，赢得了如此辉煌的人生。问题的本质在于，他从校长的描述中获得了积极的心理暗示，因而能够对人生产生无限的憧憬和深刻的渴盼，从而最终获得成功。

暗示不管是来自他人，还是来自我们自身，积极的心理暗示都能起到良好的作用。因而在日常生活中，我们不管遇到多么糟糕的情况，都应该积极地暗示自己，从而帮助自己得到发自内心的力量。曾经，有个工人在冷冻厂工作，因为同事的疏忽，导致他被锁在巨大的冷冻柜中。他害怕极了，很快就觉得浑身寒冷彻骨，等到第二天同事们打开冰柜门的时候，他已经活活冻死了。经过法医鉴定，他的一切死亡症状都和低温冷冻致死完全相符，但是最让人惊讶的是，这个冷柜当天晚上并没有

通电。最终，心理学家作出论断，这个人并非真的是被冻死的，而是死于心中的恐惧和因为恐惧而生的消极的自我暗示。由此可见，消极的自我暗示具有多么大的负面力量。所以朋友们，假如你们也想成为人生的强者，超越人生的艰难困苦，获得积极的人生，那么就从现在开始多多对自己进行积极的心理暗示吧！只要坚持这么做下去，你们的人生一定会改头换面，变得截然不同！

别自寻烦恼，保持平衡心态

现实生活中，很多人都处于心理失衡的状态，他们对于自己的生活和事业，对于身边的诸多人，都无法感到满意，也由此抱怨连天。从心理学的角度而言，心理失衡指的是人们的心理状态不再和谐平静，因而导致理想、情感和行为也陷入冲突的状态之中。因为每个人的脾气秉性和各种观念都不相同，所以每个人的心理失衡也会有截然不同的表现。诸如有人心理失衡只是导致心情郁郁寡欢，也许因为本身性格的内敛，他们并不会做出过激的事情，这一点类似于我们日常生活中所说的生闷气；再如，有些脾气性格暴躁的人一旦心理失衡，就会马上表现出来，丝毫不加以掩饰，不过他们就像炮仗，炸完了也就完了，不会有后遗症，这种人属于心直口快的；还有些人因为严重的心理失衡，也由于心理阴暗面比较多，导致自己在冲动之中做出不可饶恕的罪行，最终酿成大错，他们之中有人伤害他人发泄痛苦，有人选择以极端手段结束自己的生命，这些都是过激的发泄手段。总而言之，心理失衡的表现是多种多样的，因人而异，也因为引发的事端不同导致人们有截然不同的表现。

通常情况下，使人们心理失衡的原因可以大概分为客观原因和主观原因。所谓客观原因，即来自于外界的压力，诸如愿望得不到满足，工作上得不到重用，或者遭遇了他人的误会和曲解，或者身体不适等，都会导致人们心理失衡。相比之下，主观原因则是因为人们的心态不端正，或者受到欲望的驱使和奴役，或者喜欢嫉妒他人，这些也都会引发心理失衡。往往，主观导致的心理失衡更像是自寻烦恼，只要摆正心态，这些烦恼就会消失。

心理学家经过研究发现，人们内心的渴望很难在生活中得到完全实现，也就是说，人们不可能完全顺心如意。在这种情况下，要想避免心理失衡，就必须摆正心态，才能使自身的情绪保持平静，也才能自然而然地达到心理平衡。还有些人把趋利避害的本性发挥到极致，遇到问题的时候总是喜欢推脱责任，恨不得摆脱一切不利因素，如果是对自己有利的则趋之若鹜。其实，这也是人的本能。人是感性的动物，有的时候感性大于理性，也就无法始终保持理智进行冷静的思考。日常生活中，心理失衡的人总是牢骚满腹，惹人生厌。而能够保持内心平衡的人，也能够保持情绪平静，不但生活和事业都进展顺利，也能拥有成功顺遂的人生。

一直以来，小敏都饱受心理失衡的折磨。原来，小敏的老公是家里的老二，还有一个哥哥。因而在小敏和老公还没有认识时，她的公婆就在帮大儿子家带孩子。等到小敏的孩子出生时，公婆已经养育大儿子家的孩子十几年了。为此，小敏很想让婆婆来帮助他们带孩子，毕竟他们在大城市生活，没有人带孩子，小敏就无法上班，家里的经济条件也会吃紧。

然而，婆婆对于自己的大孙子很有感情，毕竟是从出生开始就由她亲手带大的，因而总是舍不得离开大孙子。尤其是她的大儿子和媳妇都在外地打工，如果把孩子交给他们，就必须也跟着去外地生活，环境和条件自然没有家里好。思来想去，婆婆还是拒绝了小敏的请求，决定继续把大孙子带大。这样的拒绝，让独自带孩子饱尝辛苦的小敏吃足了苦头，她也因此陷入严重的心理失衡。每当带孩子感到疲惫不堪时，她就会对下班回家的老公大发脾气，喊道："你是不是你妈亲生的，为什么你妈不愿意帮咱们带孩子，只顾着帮你哥嫂！"刚开始小敏这么说，老公还能勉强忍耐，但是说的次数多了，老公也未免心烦起来，反驳道："你让他们背井离乡怎么来？你要是愿意，可以把孩子送回老家，他们肯定带！"小敏得不到老公的安慰，更加愤愤不平，怒吼："送回老家？去挨你哥哥家闺女儿子的欺负吗？现在轮也轮到帮咱们带孩子了，你妈生了俩儿子，你可别忘记了。她这样厚此薄彼，总有一天会遭到报应的！"听到小敏口不择言，居然开始说不中听的话，老公也不愿意，为此他们时不时地就要爆发家庭大战。

在最后一次激烈争吵之后，老公疲惫地说："你这样天天揪着这个问题不放，有什么实质性的意义吗？除了让我们吵架伤害感情以外，能解决问题吗？既然你不舍得把孩子送回去，我妈又不愿意过来，那咱们就克服一下。如果你总是这样心理不平衡，最终酿成的恶果只能你自己承受，生气还伤身体呢，值得吗？或者你真的无法接受这样的婆婆，那我也不能换个妈呀，咱们只能离婚，这样你也就不会心里不平衡了。"老公的话给小敏敲响了警钟，是啊，既然婆婆确定不来给他们帮忙带孩子，如此不停地争吵除了破坏夫妻感情，简直没有任何好处。小敏好像突然间想通了，把自己从心理失衡的囚笼中放出来，从此以后专心致志带孩子，操持家务，与老公的感情也越来越好。

事例中的小敏假如一直想不通，总是因为婆婆不能帮他们的原因和老公吵架，如此一来不但无法如愿以偿，反而还有可能伤害和破坏夫妻感情，导致家庭破裂。如此一来，没有人帮忙带孩子的小事就变成了家庭支离破碎的大事，可谓得不偿失。幸好老公的一番话让她警醒，也使她彻底放下了这个纠结已久的问题，最终找回了小家庭的幸福和美。

任何关于平衡的选择，都取决于人们内心深处的良知和认知。生活中，心理不平衡的人总是牢骚满腹，怨声载道，不但给他人带来负能量，也使自己的内心陷入痛苦之中。假如我们能够摆正心态，更多地关注自身的成长和收获，而不要总是盯着他人的付出是否比我们少，或者与我们的付出是否均衡，那么我们就能够从付出中得到快乐，而不是所谓的不满和牢骚。朋友们，从现在开始跳出心中不平衡的囚牢吧，我们唯有善待自己和他人，宽宥自己和他人，才能使人生充满阳光，也更加从容淡定、大气平和。

走出内心的樊篱，拥抱未来

如果以形象的比喻来形容心灵，则每个人的心灵都像是用篱笆圈起来的地一样，有着自己的边界和止境。现实生活中，我们常常看到他人家里的院子就像五颜六色的花园，春光明媚，一片静好，而且非常开阔，无边无界，甚至可以纵横驰骋。相比之下，有些人家的院子则很局促逼仄，花盆里养着瘦弱的花朵，似乎风一吹就会凋零，别说是纵横驰骋了，即便是转个身都稍显困难。这样两种截然不同的花园，你想要哪一个？答案当然是前者。那么对于心中的花园呢，你又想要哪一个？尽管大多数人给出的答案依然是前者，但是真正能够打破心灵的囚牢，让人生纵横驰骋的人，却少之又少，堪称凤毛麟角。大多数人的心灵都是很狭隘的，在大是大非之前，在鸡毛蒜皮的小事面前，很少有人能够真正做到心中毫无樊篱，始终一片开阔。

实际上，很多时候束缚我们的并非客观世界，而是我们内心的樊篱。一个人要想畅享人生，首先应该突破自身心理上的界限，才能更好地面对人生，也积极地拥抱未来。常言道，解铃还须系铃人，任何问题要想得到解决，必须找到最根本的原因，才能彻底解决。也有人经常说，心病还需心药医，更是说明了我们对待人生不能一味地想当然，而要跳脱出内心的局限，才能彻底摆脱心的囚牢。

现代社会，每个人都承受着巨大的压力。生活节奏越来越快，工作压力越来越大，也使得每个人都不得不打起精神来才能应付生活。这样的紧迫感不仅严重影响到成人的生活，很多孩子也因为父母的望子成龙、望女成凤，导致压力倍增，小小年纪就不得不在各种各样的补习班中疲于奔波，再也找不回无忧无虑的童年。可以说，整个社会中大部分人都面对着画地为牢的局面，而且是在心中画地为牢，比现实生活中有形的囚牢更加可怕。在这种情况下，我们唯有主动拆除心中的樊篱，才能彻底使自己得到解脱，也才能拥有畅意的人生。

作为一名推销员，本杰明的人生可谓大起大落，起起伏伏。从小，他就生活在单亲家庭，和母亲相依为命，又因为生活的困窘，使他总是难以走出人生的阴影。直到长大成人之后，他也依然面对这样局促的生活，根本不知道如何做才能使自己变得充满信心和勇气。

幸运的是，本杰明在学习方面很有天赋，他尽管出生于贫民窟，但是却始终奋发向上，努力勤奋，最终毕业于一所不错的大学。对于儿子的现状，母亲也感到非常欣慰，总觉得有出息的儿子总有一天会给她带来荣耀，使她扬眉吐气。然而毕业之后，本杰明找工作的过程并不顺利，历经周折，他也没有如愿以偿进入自己心仪已久的大公司，而是进了一家小工厂当了一名推销员。这恰如他一直以来的身世和境遇，让他觉得很自卑。

有段时间，老总派本杰明去外地推销产品，本杰明在刚刚踏上出差的旅程时，心中就非常忐忑，总觉得人们一定会质疑他们的品牌，也会排斥他们的产品。为此，他心中不停地打鼓。当面对强势的客户非要压低他们的价格时，本杰明几乎不假思索、迫不及待地答应了客户的苛刻要求，甚至还跟感激客户愿意信任他们，接受他们的产品。就这样，尽管他签约了好几个单子，但是都几乎没有利润。当看到本杰明拿回来的订单时，老总毫不客气地说："你这样的订单，有还不如没有呢！其实，只要我们的产品质量过硬，客户根本不会计较我们是大厂的产品还是小厂的产品。之所以你的订单价格都被压得这么低，归根结底在于你心中缺乏底气，因而在客户还没有提出条件时就已经怯了。如此一来，你怎么可能签下优质的订单呢！假如你始终这样无法打破心中的囚牢，你还是换工作吧，我觉得你也许并不适合做销售工作。"老总的话给本杰明敲响了警钟，意识到是因为他自己的胆怯，导致公司的利润被无限挤压。

再次面对客户时，本杰明打定主意绝不退让。当客户以他们是小厂为借口与他们砍价，他毫不犹豫地说："正因为我们是小厂，没有品牌效应给我们加分，所以我们更加注重提高产品的质量，使得质量过关过硬，才能得到你们的认可和接纳。尤其是我们的工人，不管寒冬酷暑都

尽职尽责，从而保证产品质量稳定，不让客户失望。况且，我们的价格本来就是诚心价，一点儿也不高，是真心诚意想要成交的。我希望你们还是能够慎重考虑，也相信你们慧眼识珠，一定能够看出我们产品的质量多么好！”本杰明尽管是心中打着鼓说出了这番话，但是的确起到了让他意外的效果。客户们不再刻意压低价格，而是很痛快地就与他成交了。从此之后，本杰明怀着一颗自信的心，在销售的道路上越走越远，也越走越好。

事例中的本杰明，之所以第一次推销时被客户压低价格，导致公司几乎没有利润可言，就是因为他对自己的产品缺乏自信，心中忐忑不安，最终被客户抓住弱点，挤压价格。幸好，老板看透了本杰明的心思，也一针见血地为他指出了问题的所在，所以他才能够在再次面对客户时改变策略，主动拆除心中的囚牢，从而自信地面对客户，最终博得了客户的信任和认可。

其实，生活中有很多人之所以失败，并非因为自身的条件不足，或者是外界的环境不好，而只是因为他们心中有着自建的囚牢，因而总是自我牵绊，导致自己根本放不开，也无法做到充满自信。还有些人不管面对什么事情，都很忐忑不安，总觉得自己能力不足，水平有限，什么事情也做不好。对于这样的人，也是不可能成功得到人生馈赠的。任何时候，我们都不应该给自己设置限制，唯有敞开心胸接纳生活，迎接命运的挑战，不遗余力地实现自己的梦想，我们才能打破常规，实现人生的飞跃。

从本质上来说，思维是无形的，也是非常灵动的。每个人只有让自己的思维保持活跃，才能不断地打破常规，突破自我。相反，如果一个人总是被那些先入为主的观念限制，自己对自己也缺乏信心和勇气，那么最终就会被条条框框限制住，导致人生变得毫无创新可言，永远一成不变，显然这样的人生是可悲的。

朋友们，让我们打开思路，给思维一条生路吧。无拘无束的思维能够生出翅膀，带着我们飞到天涯海角，也会帮助我们获得人生至高无上的辉煌。

让痛苦消失在生活里

曾经有位心理学专家说，我们无法让痛苦从生活中消失，却能让痛苦消失在生活里。的确如此，没有人的人生充满快乐，远离任何烦恼和哀愁，除非是在乌托邦的世界。真正的生活就是那么残酷，活着的每一个人都要不停地面对悲欢喜乐，接受生活的挑战。在这种情况下，我们应该以怎样的态度面对痛苦呢？毫无疑问，痛苦是我们每个人都必须面对的问题，即使你是富二代或者官二代，即使你身家千亿、锦衣玉食，你也依然和所有人一样都要面对痛苦。与其是命运面前人人平等，不如说痛苦总是如此不偏不倚地惦念着每一个人吧！

民间有句俗话，叫作家家有本难念的经。这句话的意思是说，每个人或者每个家庭，或多或少都要面对不如意。不管是有钱人还是穷人，也不管是健康还是疾患，痛苦之于人类，永远是如影随形。可以说，只要是有人的存在，世界上就必然有痛苦、有不如意、有烦恼、有纠结犹豫。其实，无论我们怎么防患于未然，或者杞人忧天地提前想好一切糟糕的结局，我们都无法预防痛苦的出现。命运是无常的，痛苦也是无常的。很多人都出于趋利避害的本性，一味地抗拒和排斥痛苦。殊不知，

痛苦永远不会被你吓跑，更不会消失。然而，你却可以坦然接受痛苦，把痛苦消融在生活里。

从某种意义上说，生活就像是一个大染缸，不但有形形色色的人，各种不同的人的性格，还有层出不穷的悲欢离合。从这个角度来看，生活是极具包容性的。我们的心胸，也应该随着生活的节奏，不要那么狭隘，必须要能够容纳痛苦的出现和存在。

自从老伴突发脑溢血去世之后，张阿姨的生活一下子就变得充满阴霾。原本，张阿姨和老伴还兴致冲冲地计划出国旅行，利用退休后身体还硬朗的日子环游世界呢！哪里就能想到，老伴突然脑溢血，一下子就抛下她独自离去了。

结婚这几十年来，张阿姨和老伴感情一直特别好，简直是公不离婆，秤不离砣。如此深厚的感情，彼此间的缘分却突然结束，张阿姨根本不能适应。在老伴刚刚去世的日子里，张阿姨悲痛欲绝，恨不得也跟着老伴一起去了。然而，女儿整夜整夜地守护着她，让她又于心不忍。不管孩子多大，在父母面前也终究是孩子，张阿姨不忍心让唯一的女儿接连遭受失去父母的打击。然而，虽然苟延残喘地活着，张阿姨却失去了精气神。她每天都浑浑噩噩地过日子，从前最讲究穿衣打扮的她，现在衣冠不整，眉眼不洗。看到妈妈的样子，女儿痛心极了。为了照顾妈妈，女儿还辞掉了工作，带着孩子一起搬回家里看着妈妈。在女儿的用心守护下，张阿姨决定要活下去，享受生活。

虽然总是情不自禁地想起伤痛，张阿姨依然非常坚强。为了摆脱伤痛，她还发明了一个办法，即接纳痛苦，融化痛苦。以前，张阿姨在思念老伴时，总会提醒自己老伴已经去世了，如今与她阴阳两隔。每每这么想，她都会心如刀绞。如今，张阿姨不再认为老伴已经去世，而当老伴是在以另一种方式存在。她也不再绝口不提老伴，而是像老伴活着的时候一样，总是和女儿说：“你爸喜欢吃酸辣土豆丝，咱们就做酸辣土豆丝吧！”尽管这么说的时候心里依然会隐隐作痛，但是张阿姨的伤痛渐渐地愈合了。她习惯了看不到老伴的日子，也习惯了心里有老伴的日子。现在的张阿姨，虽然没有把痛苦从生活中赶走，却已经让痛苦消失在了日常琐碎的生活中。

痛苦永远不会消失，但是当我们张开怀抱拥抱痛苦时，它却会成为我们生命的一部分，直到我们能够坦然面对痛苦，将其当成是我们生命中的一部分。就像张阿姨想念老伴，当不再刻意强迫自己不要去想，思念也就变得更加平和自然。在这样的过程中，痛苦淡化了，因为它已经在我们的心目中取得了合法存在的方式。

每个人的人生都或多或少地伴随着痛苦。我们唯有以更好的方式与痛苦相处，才能让痛苦消失在我们的生活里。

坚定不移地做自己认为正确的事

在这个纷繁复杂的世界上，每天的每分每秒都在发生让人大跌眼镜的事情。当然，很多人对此已经见怪不怪了，尤其是当这些新闻距离我们很遥远时。然而，当你一旦做出任何违反常规的事情，马上就会惊讶地发现，原来在你身边还是有很多人在关注你的。如果你超越了规矩，或者你特立独行，或者你不考虑他人感受就轻而易举地做出决定，即使你没有侵犯他人的利益，也依然会有很多人对你指手画脚，甚至对你颇具微词。这是因为，你的言行举止不符合他们心中的标准。然而，

这重要吗？对于爱面子、在乎他人看法、想要得到他人认可和赞赏的人而言，这一切的确很重要。尤其是当身边的人忿忿地质疑他们时，他们一定会觉得惶惑不安。

自古以来，人们都约定俗成地认为，少数人应该服从多数人，真理也是掌握在多数人手中的。殊不知，真理往往掌握在少数人手中，而且一件事情即便有很多人去做，也未必能代表其正确性。既然如此，我们为何要在他人的质疑声中怀疑自己，否定自己，甚至是改变自己已经做出的选择呢？这一切，都是毫无意义的。任何人在考虑问题的时候，总是带有一定的主观性。既然他人做不到完全的客观公正，我们也只能将他人的意见和看法作为参考，而没有必要完全执行。人，究竟是强者还是弱者，在面对强烈质疑时，更加区分明显。如果是强者，即使面对他人的质疑，一旦确定自己是对的，也依然会坚定不移地做自己。如果是弱者，则很容易在他人质疑声中忘却初衷，甚至当机立断地改变做法，顺从他人。也许，弱者恰恰就是在这个过程中与成功失之交臂。

他毕业于全国高等学府，取得了让很多学子都羡慕不已的名牌大学的文凭。然而，大学毕业之后，他并没有和大多数同学一样去四处奔波，找工作，他悄悄地回到家乡，拿起了屠刀，成为了一名卖肉的屠夫。当时距离现在有差不多十年的时间，那个时候的名牌大学毕业生含金量还是很高的。因此，当这则新闻开始流传时，几乎全国都为之震惊。对于他的选择，家人、亲人、同学和朋友，没有任何人表示理解。毕竟，找工作对他而言是轻而易举的事情。为此，很多人都质疑他是在作秀，是为了出名。与此同时，还有人指责他大材小用，与那些只上过几天小学的肉贩子抢生意。总而言之，认可他的人只占少数，大多数人都在质疑他的用心。

对此，他不以为然，依然淡定从容地做着自己想做的事情。其实，他的想法很简单：再好的工作也是为他人打工，他想自己当老板。尤其是作为接受过高等教育的年轻人，他更是坚定不移地相信自己即使卖猪肉，也能成就一番事业。如今，将近十年的时间过去了，他已然成为在全国范围内都赫赫有名的“猪肉大王”。从一个小小的猪肉摊做起，如今已经成为一百多家猪肉连锁店老板的他，从未因为自己的选择而后悔过。如今，曾经对他的攻击、怀疑和质疑已经不攻自破，他的成功证明了一切。

在这个事例中，主人公作为名牌大学的毕业生，居然在毕业之后去卖猪肉，这让很多人都百思不得其解。大多数一定认为，要想卖猪肉，根本不用费时费力地读大学啊，即使小学毕业，也能卖猪肉。然而，他们不知道的是，起点不同，也就决定了我们人生的高度完全不同。面对质疑，空洞的解释是毫无作用的。我们只有努力地走好自己所选择的道路，才能证明自己的独到。毋庸置疑，“猪肉大王”是真正的强者。

民间有句话，叫作“一人难称百人心”。这句话的意思就是说，一个人做事情，很难让一百个人同时感到满意。其实，何止是难以让一百个人觉得满意呢，即使只有几个或者十几个人，也往往会对同一件事产生不同的想法和看法。既然如此，我们就无需因为他人的质疑而郁闷纠结，只要想好了认准了，就坚定不移地去做，这样，你一定会离成功越来越近。

第 02 章

做身体的管理者，让自己拥有高质量的生活

有这样一句话：不会管理者自己身体的人，就无资格管理他人，经营不好自己健康的人，又如何经营好他的事业。人们要学会做身体的管理者，有了健康的资本，才能让自己拥有高质量的生活。

关注身体健康，别过于放纵自己

我们都知道，在人的天性里，都是追求快乐而逃避痛苦的，而人们获取快乐的一个重要的方法便是享乐，我们发现，随着物质生活的提高和科学技术的进步，一些人被周围的花花世界所诱惑，一有时间，他们就置身于灯红酒绿的酒吧、歌厅，没事就大鱼大肉、暴饮暴食，时间一长，不但他们的心无法平静，身体的健康也亮起了红灯。现代社会，随着物质生活水平的提高，要想练就一个健康的体魄，我们更要养成健康的生活习惯，为此，我们需要做到：

1.控制饮食

无节制地饮食会对我们的身心产生巨大的危害：摄入食物太多，会导致肥胖、高血压、高血脂等一系列身体问题，另外，饮食紊乱还会导致神经控制上的紊乱，而后又会加剧饮食紊乱，如此恶性循环，最终我们便很难摆脱饮食无度带来的苦恼。曾有医学专家提出了这样的忠告，在感到饿的时候再吃东西，吃得精致、素淡一点，快要饱的时候就坚决放下筷子，离开餐桌。这样，能帮助你控制自己的食欲。

曾经有一项心理实验，被测试者是一群大学生，他们被要求自我控制，这项自我控制是与食物和节食没有半点关系的，但结果却表明，他们对甜食的渴望更加强烈了。

后来，研究者允许他们在实验间隙吃点甜食，结果，研究者发现，

这些曾自我控制的人吃了更多的甜食，而对于摆在现场的其他味道的食品，他们并没有多吃。

因此，从这个角度看，一个人若想管住自己的嘴巴并不是件容易的事，我们不仅需要战胜自己的心理，还需要尽量弱化自己身体的某些“知道”，当然，这更需要我们的意志力，有了意志力，我们一定能做到。

2.保证充足的睡眠

睡眠是大脑休息和调整的阶段，睡眠不仅能保持大脑皮层细胞免于衰竭，使消耗的能量得到补充，大脑皮层的兴奋和抑制过程达到了新的平衡。良好的睡眠有增进记忆力的作用。我们每天应保证8小时的睡眠时间。同时要注意睡觉时不要蒙头，因为蒙头睡觉时，随着棉被内二氧化碳浓度的不断升高，氧气浓度不断下降，大脑供氧不足，长时间吸进污浊的空气，对大脑损伤极大。

3.早睡早起

这一点我觉得是很多人都不能做到的，正因为如此，所以才是生活中应该具有的良好的生活习惯。人只有生物钟准时了，符合规律了，身体才能健康，工作才能稳固。

4.不要带病用脑

在身体欠佳或患各种急性病的时候，就应该休息。这时如仍坚持用脑，不仅效率低下，而且容易造成大脑的损伤。

5.多读书

闲暇时我们不妨多花点时间看书、学习，不断地充实自己，不仅能让我们在未来激烈的社会竞争中立于不败之地，也能让我们远离嘈杂的人群、内心清净。

“每天下班后，我宁愿去图书馆看看书，也不愿意和一群人聚在

酒吧，每读一本书，我都能获得不同的知识，有专业技能上的，有人生感悟上的，有风土人情，有幽默智慧，我很享受读书的过程，每次从图书馆出来都已经夜里10点了，在回家的路上，看着路边安静的一切，风从耳边吹过，我真正感到了内心的安宁。同事们都说我这人太宅了，但我觉得，这样的生活很充实，内心有书籍陪伴，我从不感到孤独。实际上，在很久以前，我也是个爱玩的人，常常和朋友喝酒喝到半夜才回家，一到周末就约朋友出去吃饭、唱歌，我很少一个人待着，有时候，真当我一个人在家的时候，我也会找一些娱乐项目，比如，上网、打游戏、跳舞等，我觉得自己根本闲不下来。

但就在我三十岁生日那天，发生了一件令我这辈子都无法释怀的一件事，我的一个朋友，那天晚上，我们喝得很多，离席后，他开着车自己回去了，谁知道在半路上出了车祸。我很后悔，假如我没有让他喝那么多的酒，就不会出事，从这件事以后，我改变了对人生的看法，如果我的下半生还是这样浑浑噩噩地过，那么，这和一具行尸走肉又有什么区别呢？

后来，在一个图书馆管理员朋友的推荐下，我开始接触到了各种各样的书籍，从这些书中，我学到了很多……”

这是一个深爱读书、拒绝玩乐的人的内心独白，的确，他说得对，一个整天玩乐的人就如同一句行尸走肉，内心真正的快乐其实并不是玩乐能带来的，而是需要努力充实自己的心灵。

6.坚持体育锻炼

一个真正会学习的人不会打疲劳战，而是懂得通过身体锻炼来调节的。不知你有没有这样的体验：当情绪低落时，参加一项自己喜欢又擅长的体育运动，可以很快地将不良情绪抛之脑后。这是因为体育运动可以缓解心理焦虑和紧张程度，分散对不愉快事件的注意力，将人从不良情绪中解放出来。另外，疲劳和疾病往往是导致人们情绪不良的重要原因，适量的体育运动可以消除疲劳，减少或避免各种疾病。

总之，养成良好的生活习惯，法宝在我们自己手中，按照以上几点来生活，相信我们也能拥有个强健的体魄。

掌控人生的第一步是控制住嘴巴

中国人常说："民以食为天"，中国是饮食文化很悠久的国度，人们讲究吃、爱吃，在中华大地上，充满了各种各样的美味。我们从不否认食物对人的健康的重要性，"人是铁饭是钢"，食物能为我们的身体提供能量，我们只有在保证身体能量充足的情况下，才能进行正常的工作和学习，但对于食物，我们绝不能毫无抵抗力，事实上，抵御美味的诱惑是自控的第一步，一个人连自己的嘴都控制不住，又怎么能控制自己的行为，最终掌控自己的人生呢？

凯瑟琳是个典型的女强人，从大学毕业到现在已经有八年时间，在这八年时间内，她为公司带来很多利润，如今的她已经是这家公司的副总了，但令她烦恼的是，和她的工作成绩一样，她的体重也是"蒸蒸日上"。这主要还是因为她的饮食习惯导致的。

在曾经的几年时间内，她最大的爱好就是在办公室的抽屉里放上巧克力，她每隔半小时就得吃一块，甚至一次吃上五六块，她很喜欢巧克力在嘴里融化的感觉。只要能吃上一口巧克力，她即使再累，也会立即有了精神。

但如今的凯瑟琳却不知如何是好，她知道问题出现在这里，但怎么才能解决呢？

凯瑟琳是个很有意志力的女人，她曾在上学时就在半个月内把成绩从全班第十名提升到全年级第三，她曾经为了在校运动会上拿到八百米赛跑的第一名每天早上五点起来锻炼；曾经在和一个客户打交道的过程中，她被客户拒绝了十几次却依然没有放弃……想到这些，凯瑟琳告诉自己，难道区区几块巧克力能打倒自己？

说做就做，她从自己的抽屉里撤掉了这些巧克力，把他们分给了办公室的那些下属们，当然，她常常会怀念那些巧克力的味道，她也完全可以去她们的桌子上拿一块尝尝，因为她们并不知道副总把这些巧克力分给自己的真实原因。曾经一段时间内，巧克力的压力一直沉甸甸地挂在她心头。但她问自己，如果自己偷偷吃了一块，那么，我会找借口鬼鬼祟祟吞下另一块吗？这种压力如此之大，以至于凯瑟琳宁愿给10米开外的下属打电话或发邮件，也不愿意走过去面对人家桌上诱人的巧克力。

但就在三周以后，凯瑟琳发现，自己完全能控制住自己对巧克力的欲望了。她甚至能弯下腰去闻下属桌上巧克力的香味而不去吃。

很多凯瑟琳的姐妹都感到诧异，她们依然拿着自己心爱的奶昔、薯条，慨叹自己为什么意志力如此薄弱。相比之下，凯瑟琳也无法想象自己竟有这么坚强的意志。不过无论什么原因，她做到了，现在，她又看到了自己昔日苗条的身材，现在的她也更有自信了。

案例中的凯瑟琳是个自控力很强的女人，在意识到巧克力对自己身体的危害之后，她能果断“戒掉”。这对于很多无法抵抗住美食诱惑的人来说是一个最好的激励。

在我们需要抵抗的欲望中，有来自名利的，有物质上的，有情感上的，但无论如何，我们只有学会与自己博弈，长期坚持下去，我们的“自制力模式”就会开启。

然而，我们不得不承认的一点是，随着物质生活的提高和科学技术的进步，一些人被周围的花花世界所诱惑，一有时间，他们就置身于灯红酒绿的酒吧、歌厅，就连独处时，他们也宁愿把精力放在玩游戏、上网上，而时间一长，他们的心再也无法平静了，他们习惯了天天玩乐的生活，再也没有曾经的斗志，最后只能庸庸碌碌地过完一生。

一个人要追求成功和幸福，就需要有较强的自控力，这是毋庸置疑的，自控力是成功和幸福的助力、保障，同时也是一个人性格坚强的重要标志。自控力体现在很多方面，但抵御美味的诱惑是自控的第一步，一个能控制自己口腹之欲的人才谈得上控制自己的思想和行为，才能获得真正幸福的人生。

从另外一个方面看，一个人对食欲没有自控力，如禁不起美食佳肴的诱惑，暴饮暴食，大吃大喝，就会营养过剩，造成肥胖，引发高血压、脂肪肝等各种营养性的疾病；酷嗜烟、酒，经常抽得昏天地暗，喝得烂醉如泥，这些行为都会严重损害身体健康，从根本上削弱你追求成功和幸福的资本。

通过运动，增强对身体的掌控感

现实生活中，许多人会面对工作、生活、学习等方方面面的压力，不良情绪常常不期而至。对此，有些人选择向他人发泄，有些人选择闷在心里，也有的感到无所适从。殊不知，运动是排解压力的一种行之有效的好方法。

对大多数人来说，日常生活中，只要我们能多参加运动，适当调节自己的心情，就能获得快乐的心情，赶走不快的情绪。因为运动的效果是积极的，它可以激发人的积极的情感和思维，从而抵制内心的消极情绪。此外，运动时能促进大脑分泌一种化学物质——内啡肽。内啡肽可以帮助我们降低抑郁、焦虑、困惑以及其他消极情绪，通过改善体能，也能增强自我掌控感，重拾信心。

高考的成绩下来了，天天只差了一分，而被清华大学拒之门外。当他得知这个消息的时候，心痛的说不出话来。这一年，他付出了太多的艰辛，最终却以这样的结局收场。他有些接受不了这个事实，接连几天，他的心情糟透了。

刘宇是他的朋友，得知这个消息之后。这天傍晚来到了天天的家。天天无精打采地坐在沙发上叹气。刘宇走过去狠狠地拍了天天，说：“怎么地，哥们，蔫了？”天天狠狠地瞪了一眼刘宇，说：“别招我，我正烦恼着呢。”刘宇当作没听见一样，又狠狠地拍了天天一下说：“我就招你了，怎么地。”天天刚好在气头上，他翻起身来，冲着刘宇的脸，狠狠地打了一拳，刘宇不甘示弱，爬起来冲着天天的胸膛就是一脚。

于是，两个人扭打在一起。几分钟之后，两人躺在地上喘着气，这时候，刘宇擦净嘴角的血，说：“怎么样，感觉舒服一点了吗？”天天看着刘宇，一下子翻了起来。他冲着刘宇说道：“好多了。”说着，给了刘宇一个拥抱。之后，他说：“走，咱们打球去，说着钻进了屋里，拿出了篮球。”

这可是他们俩的最爱。在复习高考的时候，他们经常用打篮球来缓解压力。有事没事总会打打篮球。于是，两人一起来到了操场上，蹦蹦跳跳的打起了篮球。尽管热得大汗淋漓，可是两个人有说有笑，非常高兴。看到天天生龙活虎的又活了过来，刘宇露出了开心的微笑。

故事中的刘宇得知好朋友天天遭受了高考的失败而饱受打击之后，来到了天天的家里，故意挑逗，继而和天天之间发生了打斗，这个过程事实上也是让天天在打斗之中，发泄内心的抑郁情绪。打架的过程中，天天进行了剧烈的运动，内心的不满得到了很好的发泄。心情一下子好了很多。可见，运动能让阴郁的心情得到好转，能让内心的不满和压抑得到发泄。那么，利用运动来解脱灵魂的束缚的过程中，要注意哪些方面呢？

1.要选择有一定运动量的活动

有的人觉得只要是活动就能起到缓解内心抑郁的效果。事实上并非如此，内心的抑郁之所以能够得到缓解，这是因为运动能增加心跳的速度，能加速全身的血液循环，同时还可以借助运动发泄内心的不满。如果你只是选择一些运动量小的活动，就起不到这个效果。由此可见，当你内心不开心的时候，一定要选择那些运动量大的活动。比如打球，跑步等，让剧烈的运动来增加你心跳的速度，缓解内心的压力。

2.尽量选择安全指数高的运动

尽管有些运动的活动量很大，但是安全系数不高，容易受伤害。在用运动来缓解压力的时候尽量不要去选。要不然你受了伤害，会增加内心的不高兴。如果实在没有合适的运动可做，不妨去练练拳击，或许去蹦个迪等，只要能让你迅速的流汗，你最终的目的就达到了。你的心情也会随之大好。

3.运动适当，不能超越身体极限

在进行剧烈运动之前，对自己的体能有一个大概的把握。以方便你在做运动的时候把握住度，不能超越身体的极限，以免发生危险。事实上，你要做的是发泄内心的压抑情绪，而不是跟自己玩命。因此，在剧烈运动中，感觉到身体支撑不住的时候，要及时地停下来休息。千万不要由着性子来胡闹。

4.运动前不要闯入身体的禁区

在参加剧烈运动之前，一定要先了解你的身体有哪些禁区。比如，跑步前要先考虑清楚腿脚是否受伤。在打球之前，想清楚眼睛是否好用，胳膊是否完好等。这样，你就能选择适合自己的运动，而不至于盲目地参加运动，给身体带来意外的伤害。如果是这样，不但缓解不了你内心的压抑，还有可能让你因为身体的伤害而更加郁闷。

总之，安排体育锻炼计划，就如同安排一个感受快乐的时间表，让运动的快乐预期而至，健康不会远离，生活中的种种美好也会陪伴在左右。

什么事都没有好好睡觉重要

可能不少人会问：当自己开始产生自我厌烦情绪时，当我开始厌烦周围的一切时，当我做什么都感到疲惫不堪时，该做什么来调整自己呢？当然，你有很多属于自己的解压方法，但最有效的减压方法莫过于——睡觉。因此，当你感到身心俱疲时，给自己多一点时间睡觉，你就能快速恢复、获得力量。这是因为，在睡眠期间，人体各脏器会合成

一种能量物质，以供活动时用。由于体温、心率、血压下降，部分内分泌减少，使基础代谢率降低，也能使体力得以恢复。

我们都知道，现代社会，人们为了生活，四处奔波，工作和生活的压力常常使得我们喘不过气来。人们急切地希望寻找到一种能帮助自己减压的方法。于是，市场上各种付费方法就应运而生了诸如，维生素药剂，各种放松疗法等，我们不能否定这些疗法的功效，但最好的养生方式是睡觉。

那么，人为什么要睡觉？睡觉是人体休息的一种方式，也是一种生理需求。几乎每个人，在忙碌了一天后，都希望能美美地睡上一觉。可以说，一辈子不睡觉的人是极少的。白天，我们的大脑是兴奋的，但忙碌太久后，大脑皮质内神经细胞就会产生抑制的作用，如果这种作用占优势的话，也就想睡觉了。这一抑制作用是有效的，是为了保护神经细胞和大脑，进而让我们第二天有精力继续工作。

可以说，当人们累了的时候，睡觉是最好的休息方式，能使大脑受益。

德国卢比克大学的JanBorn和他的同事们对此进行了一项研究，实验对象有106人，他们的受训任务是将一系列繁杂的数字通过等式转化为另外一种形式，而他们并不知道其中隐藏了一些计算诀窍，而在经过良好的睡眠后，参与者发现这种诀窍的几率从23%提高到了59%也就是说，睡眠是非常重要的。

好好睡觉不但可以恢复身体机能，还能治病，然而，睡觉这么简单的事，在现代人看来，却成了“奢侈品”。有资料显示，目前我国睡眠障碍患者约有3亿人，睡眠不良者竟高达5亿人！美国国家睡眠基金会一项调查则指出，现代人的睡眠比生活在19世纪初的祖父母们要少2小时12分钟。

实际上，抵抗疾病的第一步就是高质量的睡眠，法国卫生经济管理研究中心的维尔日妮·戈代凯雷所作的一项调查表明，缺觉者平均每年在家休病假5.8天，而睡眠充足者仅有2.4天。前者给企业造成的损失约为后者的3倍。

据德国《经济周刊》日前报道，缺乏睡眠会扰乱人体的激素分泌。若长期睡眠不足4小时，人的抵抗力会下降，还会加速衰老、增加体重。而哪怕只是20分钟的小睡，也能让你像加满油的汽车一样动力十足。接下来，我们总结一下睡眠的好处：

1.睡眠有利心脏健康

在希腊有一项关于睡眠的研究，有两万多人参与，研究结果表示，一周内至少有三次30分钟午睡的人患心脏病的风险降低了37%。此外，难治性高血压、糖尿病等，也都与睡眠密切相关。

2.睡眠可以减压

研究表明，睡眠可以降低体内压力激素的分泌。每当感到压力大的时候，即使打个小盹儿，也能让你迅速释放压力，提高工作效率。

3. 睡得好，能让你更聪明

德国睡眠科学家在英国《自然》杂志上撰文指出，好的睡眠质量能增强创作灵感。这是因为经过睡眠后，人的脑细胞得到储存，大脑耗氧量开始减少。醒后人的大脑思路开阔，思维敏捷，记忆力增强。

4.睡眠是最便捷、省钱的美容方式

人睡着时，皮肤血管完全开放，血液充分到达皮肤，进行自身修复和细胞更新，起到延缓皮肤衰老的作用。睡眠不足还会导致肥胖，药物减肥远不如睡个好觉更有效。

5.适当“多睡”是一味治病良药。

我们会发现，在医院里医生都会经常嘱咐病人要多休息。中医更强调治病要养病，而睡眠就是最好的调养方式。

这一生理机制是：当人们生病时，身体会受到感染，而此时，会产生诱发睡眠的化合物——胞壁酸，它除了诱发睡眠外，还可增强抵抗力，促进免疫蛋白的产生，因此睡眠好的患者病情痊愈也快。举例来说，高血压患者每天要保证7～8个小时的睡眠，老年人可适当减少至6—7个小时；对心脑血管患者来说，中午小睡30～60分钟，可以减少脑出血发生的概率。

6.睡眠还能延长寿命

正常人在睡眠时分泌的生长激素是白天的5～7倍。美国一项针对100万人、长达6年的追踪调查表明，每天睡眠不足4小时的人死亡率高出正常人180%，而充足的睡眠有利于延长人的寿命。

总之，睡眠可以消除身体疲劳。在身体状态不佳时，美美地睡上一觉，体力和精力很快会得到恢复。

汗水会让你的身体轻盈起来

生活中，人们常说：“生命在于运动”，运动是保持身体健康的重要因素。早在2400年以前，医学之父希波克拉底就讲过：“阳光、空气、水和运动，这是生命和健康的源泉。”生命和健康，离不开阳光、空气、水分和运动。长期坚持适量的运动，可以使人青春永驻、精神焕发。每天都处于紧张的工作和生活压力之下的人们，你是否偶尔有这样

的感觉。每天早上起床都感到浑身无力，而到了一天工作结束的时候，你已经累得四肢无力了？夜深人静时，你是否依然辗转难眠？你是否感觉到你的体重正在呈上升趋势？其实，这都是你的身体开始出现亚健康的标志，怎么办？也许你会想到很多种药物治疗，你开始吃安眠药，你开始节食，但似乎并没有多少成效，正如曾经有人所说的："运动的作用可以代替药物，但所有的药物都不能替代运动。"其实，如果你尝试着坚持运动，你会发现，汗水会让你的身体慢慢轻盈起来。

在美国人眼里，前任总统布什是他们运动以及锻炼身体的楷模。

布什没有那么多的时间进行户外训练，于是，他把跑步的项目放到了健身房中，在重量训练上，他还进行了还坐姿推举、扩胸与扩背运动。

为了锻炼身体，布什还经常利用一切可以利用的时间跑步。曾经在访问墨西哥途中，他就在空军1号会议室里的1台跑步机上跑了起来。可以说，布什是走到哪里就跑到哪里，他跑步的身影在美国许多地方出现过。在总统套房里，在戴维营的林间小道上，当然，还有位于白宫顶楼的健身房内。

迄今为止，他个人跑步的最好成绩是6分钟45秒跑完1英里。

布什每周跑步4次至5次，举重至少2次。其中周四进行长跑，周日一般进行快跑训练，其他时间进行慢跑和器械练习。

无独有偶，新加坡内阁资政李光耀也是个爱运动的人，他每天都会坚持长跑20分钟。

不论在家还是出国，每天坚持跑二十分钟已经成为他雷打不动的习惯。曾经，他说："我每天都做运动，如果不做，便感到懒散，我发现健身操使我感觉更好，能开胃，也睡得更好。"他不仅喜欢跑步，还有游泳和骑自行车。如果是应邀去没有运动设施的国家开会，他的随身行

李一定要带着可折叠的健身脚踏车，清晨或晚饭前进行运动。李光耀认为，有了运动，还要有足够的休息才能健康，每天睡眠8个小时最理想，但通常他只睡六七个小时，因为睡眠质量好，从不失眠。

李光耀曾是个胖子，喜欢吃炸鸡翅，喝啤酒和葡萄酒。他现在这副身板，都是他努力进行体育锻炼的结果。他特别倡导体育运动，他认为居住在城市里的人，必须注意锻炼身体，这方面他也率先做到了。

现在的他已年过古稀，但仍然头脑清楚、精神饱满、腿脚利落。

生活中的人们，也许你会说，我每天很忙，没有时间运动？那布什和李光耀是怎么做到的呢？所以，不要再给自己找借口了。如果你能坚持运动，那么，你不仅能减掉身上多余的脂肪，还能获得身心的放松。

美国运动医学院的研究表明，正确的运动可帮你提高持久保持健康活力和苗条体态的程度至70%，更健康的心脏和更低的患癌风险是运动带来的最为显著的两大益处。

的确，运动的好处实在太多了，总结起来，大致有：

1.缓解身体自然疼痛

如果你经常感到身体某些部位不舒服，比如，头疼、膝盖疼或者脖子僵硬，那么，休息和吃药并不是最好的方法，运动却能帮助你消减甚至消除这些症状。

美国斯坦福高级研究所的科学家表示，长期坚持有氧运动的成年人同那些总是喜欢躺坐在沙发上的人相比，肌骨骼不适的概率低25%。

你可以这样做：每周两次练习瑜伽或太极，可增加身体柔韧性，并且减少疼痛感。

2.提升语言能力

仅在跑步机上跑步锻炼就可以让你更加聪明。因心脏快速跳动可增大血流量，向你的大脑输送更多的氧气。同时，还能激发大脑中控制事务处理、制订计划和记忆区域的更新。

你可以这样做：可用跑步上下楼代替跑步机。

3.削减感冒几率

适当的运动不仅能够加快你的新陈代谢，它还可以提升你的身体免疫力，帮助你的身体对抗感冒病毒和其他细菌的入侵。

你可以这样做：保持运动，但不要做过度。如果经常剧烈运动，例如跑步超过90分钟，反而会降低身体免疫力。

4.更快乐地工作

英国布里斯托尔大学的研究表明，积极的生活方式可以帮助你更好地完成每天的工作计划清单。同时，你也会避免因为生病而耽误工作。

你可以这样做：参加健身课程，如果没有足够时间，可参加午间的瑜伽课程。

5.视力更清晰

对心脏有帮助的事物就会对视力有帮助。很明显，运动是对心脏有帮助的。英国的眼科研究发现，积极运动的生活方式会令你随着年龄增长所带来的视力衰退的几率减少70%！

你可以这样做：如果条件允许的话，每天步行6公里，全年戴上防紫外线太阳镜。

6.帮助深度睡眠

曾经有医学杂志报道，每周4次，每次至少用一小时来散步和其他有氧运动的人，睡眠质量会明显高于那些不爱运动的人。

的确，现代社会，伴随着高强度的工作压力，并随着年龄的增长，人的睡眠形式会发生改变，很多人都有“浅眠”的苦恼，所谓“浅

眠”，指的就是无法真正进入睡眠，夜间休息不好，身体得不到调整，又会影响第二天的工作和学习。

你可以这样做：每天不管多晚都要至少锻炼半个小时。研究表明，对大多数人来说，夜晚少量和中度的运动并不会扰乱睡眠。

7.任何尺寸都觉得性感

适当有效的锻炼基本上可以保证拥有更好的体态。华盛顿大学的研究发现，只是一次20分钟的骑单车运动，就可以将女性的性吸引力指数提高169%！而且这一益处可以经受住时间的考验：哈佛大学对游泳者进行的研究发现，那些平均年龄超过60岁的人，仍然能够像年轻时一样获得性满足。

你可以这样做：每晚在享受浪漫时分前，不妨先进行20分钟有氧运动，每天步行或练习瑜伽会令你在任何时候都感觉良好。

运动带给我们的最大的好处就是让我们身心更加健康。如果你发现某些运动非常适合你，那么这会使运动更加有趣，如果你对某项运动非常期待，那么你也有可能会喜欢上这项运动。当然，运动也贵在坚持，一项运动至少坚持三周。一个舍得持之以恒花时间运动的人，在他四五十岁时，岁月一定会回报她！

第03章

做时间的管理者，别因放纵让时间流逝

一天只有24个小时，有人用出了48个小时，有人却只用出了12个小时，这就是时间管理的奥妙。有效的时间管理，会让我们最大限度地利用时间，在有限的时间里做更多事情。

成功者绝不会肆意浪费时间

我们都知道，时间对于每个人来说，都是一种既公平又宝贵的资源。每个人每天都只有24个小时，一年也只有8760小时，一个人如果浪费了时间，人的一生除了无比的灰暗外，就只是在等着死亡的时刻的到来。然而，很多人常在不知不觉间就将时间全部浪费掉了。现代社会，不少人每天都在挥霍自己的生命，他们常坐在椅子上，伸着懒腰，心里则在想着："该开始做什么好呢？时间这么少，做什么都不够……"可是，当他真的有大把的时间空下来时，这个人却还是什么也无法开始做，结果却让时间白白地耗费掉了。大体上来说，这样的人的一生将一事无成，他无论是求学还是工作都不会有什么大的成就。

其实，我们任何一个人都没有太多的时间挥霍。而现代社会，无论是个人，还是企业，"效率就是金钱"，绝对不是一句空话。可以说，追求成功，必须追求效率。同样，自古至今，要想成功，就必须惜时。实际上，任何人，只要我们能充分利用好时间，不浪费每一分钟，那么，你必当会成才。有些人只是利用好了几年，有些人只重视年轻时代，而成功者在尽量利用好每一天，甚至能利用好每一分钟乃至每一秒钟。他们很少有浪费时间的行为，他们的成功实质上就是时间利用上的成功。

爱迪生是众所周知的大发明家，但为人所不知的是，他只上过三个

月的小学。他的一生，之所以成就卓著，除了他母亲手把手的教育外，还有就是因为他珍惜时间。

爱迪生在研究期间，经常对自己的助手说：“浪费，最大的浪费莫过于浪费时间了。”因此，他常常告诫自己：人生太短暂了，要多想办法，用极少的时间办更多的事情。

一天，爱迪生在工作时，交给助手一个任务——测量一下灯泡的容量，交代完事情以后，他又埋头工作了。

过了一会儿，他问助手，你测出来的结果是多少，没想到，助手还在慌忙地策略灯泡的哥各个数值——周长、斜度等。

看到这里，爱迪生着急地说：“时间，时间，怎么费那么多的时间呢？”于是，他走过去，接过灯泡，向里面注满了水，爱交给助手，说：“里面的水倒在量杯里，马上告诉我它的容量。”助手立刻读出了数字。

爱迪生说：“这是最简单的测量方法了，既准确又节约时间，你怎么想不到呢？还去算，那岂不是白白地浪费时间吗？”助手的脸红了。

爱迪生喃喃地说：“人生太短暂了，太短暂了，要节省时间，多做事情啊！”

历数古今中外一切有大建树者，无一不惜时如金。的确，我们永远也无法留住时间，它会在不经意间溜走，而当你觉醒时，已经晚了。生活中的每个人，珍惜时间，别再肆意挥霍我们的生命！我们无法挽回昨天的时间，也无法提前支配明天的时间。我们只有活在当下，这里，培养自己的时间意识，需要我们从4个方面努力：

1.懂得惜时

不妨看看我们周围的人，他们整天在忙些什么？喝酒、聊天、打麻将、唱歌等，他们把上天交给他们时间白白地浪费了。那么，你又是如何对待时间的呢？如果你不想接纳自己现实的生活，你想改变命运，那么，首先做到爱惜自己的时间吧。

2.制订每天的计划

你可以每天睡前拟订一份计划，是关于第二天生活和工作的内容，分为最重要的，其次的，不重要的，当你感觉好的时候，先完成最重要的，然后依次完成其他的。做任何事都需要有心思，心不在焉，效率不好，无所谓充分利用时间。

3.把时间分成较小的单位

这样，能将一点点的时间都利用起来，有利于充分安排和利用每一点点时间，可能一次两次的时间节约并不能带来什么，但长期积累，就能为你带来质的提升。

现实生活中，对于时间，我们通常以每天为单位，而那些有成就的科学家、企业家或者发明家，他们则是以每个小时甚至是每分每秒来计算，这就是明显的区别。

4.做事多限时

人的心理很微妙，一旦知道时间很充足，注意力就会下降，效率也会跟着降低；一旦知道必须在什么时间里完成某事，就会自觉努力，使得效率大大提高。所以，朋友们，你可以充分发挥自己的潜力，多给自己限时办事或者学习。

总结起来，要做到管理时间，我们首先就要有时间意识，要珍惜时间和规划时间，把更多的时间用在最需要的地方。时间多了，机会就多；机会的增加，必然促成目标的早日实现，生命就得以延续。善用时间，正是善用自己的生命。

管理好时间就像管好钱包一样重要

现代社会，任何一个追求做事效率的人都熟知的一句话："时间就是金钱。"但实际上，我们应该说的是，这句话表述得并不充分，事实上，将时间和金钱相比，前者比后者绝对珍贵得多，如果你有时间的话，加上你的智慧和拼搏、努力，你一定能赚取到金钱，而反过来，即便你有用不完的金钱，你也不会因此而比其他人再多一分一秒的时间，因为无论贫富，时间对于每个人来说都是绝对公平的，不会有任何偏颇。同样，对于每个人来说，时间也都是珍贵的，不会有谁从你手上把时间偷走，你不会得到比别人更多的时间，当然也不会更少。

金钱只是比时间更容易被人们意识到，因为金钱为众人所屡见不鲜，金钱触目皆是。时间更是悄声无息的，每天清晨，当你一醒来，你就有满满的24小时，也就是一天的时间，这一天里，无论你干什么，它都不会因为你从事活动的特殊与否而放慢脚步，正因为如此，我们身边的很多人，总是让宝贵的时间从身边溜走。年轻时，他们虚度光阴，以享乐为主，总认为有大把的青春可以挥霍，转眼间，垂垂老矣，剩下的只是遗憾。

所以，任何一个人，都要有时间意识和超强的时间观念，都要认识到时间的重要性。从现在起，如果你想摆脱毫无成就的生活，就要停止拖拉，立即行动，还要懂得做时间规划，以便更及时地完成计划和更好地赚钱，让你更轻松自如地工作和生活。

海獭属于鼬科动物，成年海獭体长1.5米，体重在40公斤左右。它们生活在阿留申群岛周围的海域中，智能在某些方面超过了类人猿。然而，令科学家惊叹的还不仅是海獭的聪明，而是它们对成功捕食时间的准确把握。海獭的潜水时间仅仅只有4分钟，也就是说，在这4分钟里，它必须潜到50米以下的海水里去捕猎，如果超过了4分钟，它就会溺死在水里。所以，时间对于海獭来说就是生命，每一次捕猎，都是以倒计时来计算的，并且必须用上整个生命。它们只能在规定的时间内捕获到食物，不然，要么会被淹死，要么就会被饿死。

海獭的食物大部分是海底生长的贝类、鲍鱼、海胆、螃蟹等。由于海獭非常清楚自己捕猎的时间有限，所以每次潜入水中之后，它便目标明确地去寻找自己的猎物，一秒钟时间都不敢耽误。它的速度也异常快捷，抓到猎物后，一定要在肺里的氧气用完之前返回水面。它们没有鲨鱼那样坚硬的牙齿，也没有金枪鱼那样锋利的长枪，它们没有任何强过海里其他动物的器官或武器，也并不适合在水里生活，可是，千百年来，它们就是靠着那4分钟的捕猎时间而在海里生存了下来。

其实人生的时间并不短，跟海獭相比，我们的时间何止一千个一万个4分钟，不成功的原因也正是因为时间太过充裕，让人们有了懈怠的心理。如果给成功定一个期限，便没有时间怨天尤人，也没有机会犹豫不决，而是会立即在有限的时间里明确自己的目标，然后全力以赴。

现实生活中，太多人的抱怨自己“没时间”“时间不够用”，其实，这个世界上根本不存在“没时间”这回事。如果你跟很多人一样，也是因为“太忙”而没能完成自己的工作的话，那请你一定记住，在这个世界上还有很多人，他们比你更忙，结果却完成了更多的工作。这些人并没有比你拥有更多的时间。他们只是学会了更好地利用自己的时间而已！

管理和有效地利用时间是一种人人都可以掌握的技巧，就像驾驶一样，有效利用时间，不要成为时间的奴隶，从而实现自己的人生目标。一切完全取决于是否能够成功管理自己的时间，这就是所有成功的秘诀

所在。

为此，你需要记住两点：

1.制订时间计划，按计划办事

和理财需要合理花费金钱一样，管理时间也就是将我们的待办事项按照一定的时间来进行安排，以工作为例，你需要将开例会、写报告、打电话预约的时间都安排好，这样，才能有条不紊地工作。

2.做时间规划需要坚持

做任何一件事，最怕的都是中途退缩，时间管理也一样，真正充分有效地利用时间，还是要养成做时间管理的好习惯，而不是心血来潮、意识到时间被浪费时才进行规划。

3.善用那些被你浪费掉的零碎时间

人们挥霍掉的往往是那些零碎时间，比如，你和牙医预约好了，下午两点过去找他，而现在离约定的时间还有十五分钟，对于这十五分钟，大部分人可能会想办法消磨掉，比如看看手机、发呆或者找人闲聊等，但其实你可以完成你一直未完成的工作，比如，计算一下本月开支或者房屋重新装修的计划等。

总的来说，时间比金钱更为重要，时间就是生命，它不可逆转，也无法取代。浪费时间就是浪费生命，而一旦把握好时间，你就掌握了自己的生命，并能够将其价值发挥到极致。

充分利用早晨时间，你会获益不少

所有人每天都是从早晨开始的，古人云：“一日之计在于晨”，这就是要告诉我们早晨时间对于我们一天活动的重要性。那么，你的早晨是怎样的呢？是想到了黎明？早餐？还是董事会？乱哄哄？孩子的吵闹声？赶不上的公交车……每个人的答案，都与他们的工作和生活有着千丝万缕的联系。但如果联想到"乱"的人，绝对做不到每天早起，也不可能在做完所有事之后美美地享用早餐，他们会一边啃着街头餐厅里的面包，一边嚷嚷着"哎呀，又要错过这趟公交车了，我怎么不早点起来呢"，相反，只要只有联想到"阳光""豆浆油条"的人，才有可能早起。因为这些都是只有早起的人才能体验到的事，可以说是"早起的象征"。

太多人把早晨的时间浪费在了毫无秩序的忙乱中了，的确，一个人在早上的状态如何，对一整天的工作效率有很大的影响。没错，早上是最适合工作的时间段。但是有不少人即使闹钟响了，却还赖在床上，早晨对这些人而言实在是头痛的时间。

效率专家们，建议我们每一个人，要想让你的一天更充实，就要从早起开始。

小泽征尔是日本著名的作曲家，除了天分，他拥有更多的是勤奋。

日本作曲家武满彻曾经在小泽寓所住过一段时间，目睹了大师的勤奋，他说："每天清晨四点钟，小泽屋里就亮起了灯，他开始读总谱。真没想到，他是如此用功。"原来，小泽从青年时代就养成晨读的习惯，一直坚持到今天。"我是世界上起床最早的人之一，当太阳升起的时候，我常常已经读了至少两个小时的总谱或书。"小泽这样说。

事实上，除了小泽征尔以外，大多数的成功者，都是我们珍惜时间的榜样。现代社会，人们也在努力寻找让工作效率翻番的方法，方法有很多，但究其根本，我们都不能忽视早晨这个重要时间。因为在早晨，我们的身体在经过了一夜的休息后充满了能量，正是高效工作的时候。

那么，我们该如何利用早晨的时间工作呢？

1.把早起变成一种生活习惯

正像小泽征尔所说的，他每天四点钟就起床，很多效率专家也建议，四点钟我们就应该起床。事实上，越是忙碌的人，越应该巧妙利用早上这段有限的时间。

以上班族为例，我们来计算一下，四点起床，上午就能工作八个小时。那么，下午的八小时就是“白捡的”，可以继续工作，也可以学习，甚至可以放到你的兴趣爱好上。

如果你每天六点起床，那么，现在，只要你提前两个小时，不仅能提高工作效率，还能在信息、学习、晋升、财富和人脉上都大获成功。

可能也有些上班族说，“我们也是从一大早就开始工作了。”但实际情况呢？公司不是九点钟才打卡吗？到公司的路程如果需要一个小时，那么，七点多你才会起床，有些赖床的人，就会睡到八点多。

还有一些人持反对意见，每天要加班，早上根本起不来，但其实，通宵加班并不是明智之举，然而，可能你没发现的是，那些高效率的管理者，他们都不会打疲劳战。

2.起床前花几分钟时间想好今天该做的事

早晨的时间，我们可以做个简单的时间段划分，一个是从醒来到起床，另一个是从起床到出门为止。这样分法是为了在每一个时段内，安排不同的使用目的。

其实，当你的闹钟响了，你不必像听到“必须要起床”的哨子声一样，醒来后，你不必要立刻起床，你可以躺在床上，将一天的工作先做好安排，或者思考一些疑难问题的处理方法。等到将所想的事情都整理妥善之后，再起床。

换句话说，一天内要做的事情在床上已经都做好了安排。

这个方法有以下的几个优点：

第一，清晨卧室里阳光洒进来、宁静安详，你可以安静地思考问题。

第二，人在休息了一整夜之后，思绪会得到优化，你很容易就想出好点子。工作上如果发生什么行不通的地方，利用早上这段时间，很容易找到解决的对策。

但是，如果你习惯性赖床，那么，当你还没想出对策前，又进入梦乡了，这种人最好立刻起床。

3.别忘记与你的与家人沟通

从早晨睁开眼睛的那一刻到我们上班这段时间，虽然不长，但却是最忙，我们不仅要刷牙、洗脸，还要吃早饭、换衣服。再加上，如果你不能早起，你更是步履匆匆。

懂得善用时间的人不应只将这个时段用来处理杂事，还应用来和家人沟通，比如，你可以和你的孩子一起刷牙或吃饭，听听孩子说话，就足以建立亲子之间的感情了。

一起刷牙、换衣服，还可以谈谈天气，实在是节省时间的好方法。

如果你每天都必须加班，回到家已经是深夜，你的亲人们都已睡了，找不到谈话的机会，你不妨找一个适当的时间，从办公室拨电话回家，利用电话和家人长谈一番。

4.一定要吃早饭

一些上班族大多必须花很长的时间来坐车，出门前这段时间不够用时，往往只好牺牲早餐。其实，饿着肚子工作，效率更低下，所以无论如何，别亏待你的胃。

不得不说，早晨真的如此重要。那么，为什么大家都不充分利用

早晨的时间呢？每天有24小时。无论是能干的人，还是不能干的人，一天24小时的事实都不会改变。而如何使用这24小时，决定了你的工作效率。从现在起，不妨养成早起和充分利用早晨时间的习惯吧，相信你会从中获益不少！

时间有限，也要挤出时间来充实自己

生活中的人们，如果你的身边有挥霍时间的人，只要你细心去找，你会发现，对于他们来说，他们总是有这样那样的借口，借口成了一面挡箭牌，某件事一旦没完成，就能找出一些冠冕堂皇的借口，以换得他人的理解和原谅。其中，他们最为常见的借口是：“没时间。”

相信在你的周围，这样的对话已经数见不鲜：

“杰克，我交给你的任务进展如何？”面对领导的问题，回答一般是这样的：“着手在做了，只是最近太忙了，真的没时间，我还得处理其他好几个工作。”或者“真不好意思，我还没开始呢，最近真的没时间，你知道我还得做……”

“小李，你去帮我查一下李先生最近什么时候有空，帮我约一下他，有笔业务要谈。”“对不起主管，我手头事情太多了，没时间，你找小张吧。”

也许“没时间”是我们最容易说出口的借口，也最容易被人理解，然而，不知你是否意识到，你没时间，只能说明你工作效率低、工作不称职，如果你实在做不好，总有人会代替你。所以，任何一位领导在这样的情况下都会告诉你：“别说没时间，时间都是‘挤’出来的”，所

以，还是想想怎么在不说出没时间的借口下努力提高你的执行力吧！

事实上，除了职场以外，我们做任何事，都要学会合理规划，都要充分利用一点一滴的时间。我们先来看看下面的故事：

小周是某大型企业的一名员工。高考失利后，他失去了继续读大学的机会，十八岁的他就进了现在的这家企业。因为学历的原因，他只能从事最简单的产品装配的工作，但他不甘心，于是利用上班之余的时间，他拿起了书本，自学了很多与该产品有关的知识，并自考了一些其他课程。

转眼，小周已经工作五年了。这家企业每五年会举办一个大型的青年知识大奖赛，参加这次比赛的人多半是一些高学历的人，但小周还是报名了。他的参赛作品是关于公司生产部门的机器流程改造图。公司高层一见到这幅图，就惊呆了，一个生产流水线上的工人怎么可能会制作出如此让人惊叹的图呢。于是，他们找来小周，就图纸进行了一番理论讨论，他的说明，让在座的领导们瞠目结舌。“我看你的简历，你只不过是个高中毕业生啊，怎么会……”

“是这样的……”

听完小周的叙述，众领导一致表示：“单位的员工要都是有你这样的学习精神，该有多好。”

很快，小周就收到通知，他被升为了技术主管，负责他所提出的这一项目的改造工程。

这则职场故事中，我们见证了一个普通员工的升迁过程。员工小周之所以会被领导赏识，在众人中脱颖而出，就在于他能利用空余的时间不断学习、不断完善自己的知识结构，充实了原本知识不足的自己。

总之，我们任何人，都应该把握好每一分每一秒的时间，要学会从

忙碌的生活中挤出时间来充实自己，那么，现在，就勇敢地迈出第一步吧。为此，你需要记住：

1.要克服懒惰，选择行动

一个人之所以懒惰，并不是能力的不足和信心的缺失，而是在于平时养成了马虎大意、懒惰拖延的习惯，以及对事情敷衍塞责的态度。

要珍惜时间，首先就要改变态度，必须要改变态度，以诚实的态度，要付出积极和扎实的努力，只有这样，才能真正将每一件事做好。

2.强迫执行，勤奋起来

良好习惯形成的过程，是严格训练、反复强化的结果。我们著名教育家叶圣陶先生也认为，要养成某种好习惯，要随时随地加以注意，身体力行、躬行实践，才能“习惯成自然”，收到相当的效果。我们在改变拖延习惯的过程中，也一定要严格要求自己，决不允许自己有怠惰的行为。

美国著名数学家维纳，在回忆父亲对他早期学习习惯的严格训练时说：“代数对我来说没有什么困难，可父亲的教学方法，使我的精神不得安宁，每个错误都必须纠正。他对我无意中犯的错误，第一次是警告，是一声尖锐而响亮的‘什么’，如果我不马上纠正，他会严厉地训斥我一顿，令我‘再做一遍’。我曾遇到不止一个能干的人，可是他们到后来一事无成。因为这些人学习松懈，得不到严格纪律的约束。我从父亲那里得到的正是这种严厉的纪律训练。”父亲严格的训练，终于使维纳养成了良好的学习习惯，以后成为了誉满全球的科学巨人。

这里，维纳严谨的学习习惯，就是来自于他的父亲一点一滴严厉的教导。当然，好习惯的养成，并非一朝一夕之事。而要想改正某种不良习惯，也常常需要一段时间，因此，我们不必操之过急。

总之，你若希望拥有一个成功的人生，你就必须养成良好的善用时间的习惯。这就像鲁迅先生说过的：“时间就像海绵里的水，只要愿挤，总还是有的。”时间有限，如果你不好好利用，最后留给你自己的，就只能是悔恨。

学会拒绝，减少他人对你时间的占据

现代社会，无论是职场还是商业活动中，合作的重要性已经毋庸置疑，他人愿意与你合作是好事，但是，如果对于别人的请求来者不拒的话，只能让你成为一个“大忙人”了。他人有邀请你的权利，你也有拒绝合作的权利。因此，提高做事效率的一个重要关键点是学会拒绝。

中国人向来是爱面子的，为了面子，什么都可以做，所以更不善于拒绝他人。然而，学会拒绝，是人们进行社会交往所必须的技能。世界著名影星索菲娅·罗兰在她的《生活与爱情》一书中，曾记下查理·卓别林与她最后一次见面时，赠送给她的一句忠告，“你必须学会说‘不’。索菲娅，你不会说‘不’，这是个严重的缺陷。我也很难说出口。但我一旦学会说‘不’，生活就变得好过多了。”因此，我们要有拒绝他人的意识，更要有这项技能。

一些心直口快的人认为，既然是拒绝，有什么难的，直接说“不”即可，其实不然，如果我们全凭自己的兴致，不顾他人面子直接开口拒绝，那么，对方可能会因为失了尊严而与我们绝交，那么，就得不偿失了。

我们先来看看下面这位深谙拒绝艺术的女经理是如何巧妙地说出“不”字的：

某公司的销售部经理李若兰是个很善于与人沟通的人，在她的手下工作，很多员工都觉得干劲十足。公司其他领导都羡慕李若兰的工作模式——上班只是喝喝茶，发发工作指令，员工们心甘情愿地为其卖命，毫无怨言。其实，这都是因为李若兰很善于调动员工们的积极性。

一天，市场专员小王拿着一叠厚厚的资料，来到李若兰的办公室，对她说："刘总，这是这个月的市场调查报告，您有时间整理一下吧。"

李若兰最近手头事情太多，而且，整理资料的工作本身就是下属应该做的。于是，她巧妙地拒绝道："小王啊，你可一直是我最得力的助手啊，你看我桌上的文件，哎呀，你难道要看着我累趴下吗？算姐求你了，帮个忙吧，回头我请你吃饭。"

听到李若兰这么说，小王"扑哧"一声笑了，不到几个小时的时间，他便把整理好的资料送到了李若兰的办公室。

案例中的经理李若兰拒绝下属的方法就是撒娇法，一句"哎呀，你难道要看着我累趴下吗？算姐求你了，帮个忙吧，回头我请你吃饭。"让下属看到了领导的可爱，这样一个可爱的领导，有哪个下属还会再好意思进一步要求呢？

我们不得不承认的是，我们都是生活在一定的社会和集体中的，都会有求于人，因此，在时间充裕、我们能力足够的情况下，我们还是应对他人伸出援助之手的。但不少时候，有些人提出的请求是过分的，或者是超出我们时间预算和能力之外的，那么，我们就要懂得拒绝的必要性。我们不难发现，生活中有一些人，他们毫无心眼，对别人总是有求必应，久而久之，别人就把他当成了可以随便吩咐的"软柿子"。

不知你是否曾经有这样的体验，你似乎总是不愿意拒绝那些对我们示弱的人的请求，因为他们让你感到弱小，从而激发起自己内心的同情和保护的欲望，这也是人们的普遍心理。而事后，你又发现，你似乎变得越来越忙了，而到最后，你真正想做的事却并没有最好，你只能牺牲自己的休息时间。

那么，具体说来，我们该如何将拒绝说出口又不伤害彼此感情呢？

当然，对于拒绝也不能一概而论，要具体问题作具体分析。一般情况下的拒绝应分为几种情形：

1.直截了当地拒绝

这种拒绝方式一般是因为被求者是个干净利落、不拖泥带水的人，办事风格上也是风风火火。

2.委婉地拒绝

这种情况下，被求者碍于面子，考虑到直接回绝朋友会伤及自己的面子和别人的自尊，于是，可以先绕个弯子，曲曲折折地拒绝，也可能采取其他方式逃避别人的要求，这是一种迂回的拒绝方式。

你可以说："没问题，但是我现在的任务多的像山一样。你能不能过一个月左右再来找我？除非我真能干的非常出色，我是不会这么打保票的。"

或者你可以说："当然可以，但是你能不能先去做……这样我们才能看出这件事到底是否可行。"

无论你选择上面两个中的哪一个，你都没有断然的拒绝他们，而是把主动权交回到他们的手中。在真心想要干这件活但是实在抽不开身的情况下可以这样说，这样说帮你解决了主动权给你带来的压力，让你用不着真正说出那个"不"字。

除了以上这种方法外，适当的时候，你还可以用充足的理由和诚恳的态度直接拒绝别人。在拒绝别人时，有充足的理由是必不可少的，只

要你的理由真实，语言诚恳，对方一般都不会再对你的拒绝进行反驳。

其实，有能力帮助他人不是一件坏事，当别人拜托你为他分担事情的时候，表示他对你的信任，只是自己由于某些理由无法相助罢了。但无论如何，仍要以谦虚的态度，别急着拒绝对方，仔细听完对方的要求后，如果真的没法帮忙，也别忘了说声“非常抱歉”。

总之，你需要记住的是，要想学会管理时间，充分利用时间做事，你就要学会拒绝，当然，真正最高境界的拒绝，就是让对方了解你的难处，彼此之间的关系也不会因此受损！

给时间定制规划，并开始严格执行

在我们生活的周围，不少人已经认识到时间管理的重要性，但却很少有人真正能充分利用时间、提高做事效率。这是因为他们的工作缺乏计划性，让工作充满计划性其中很重要的一点就是制定时间规划表。

也许你认为制定时间规划表是一件费时费精力的事，然而，你不妨再想想，如果不做计划，那么，接下来，你将很难抽出时间做自己想做的事，而且你也不可能分辨出在那些待办事项中哪些事是重要的部分，更别说最重要的部分，因此，虽然你认为自己总是没有时间来进行规划，但提前规划却总是能够帮助你挤出更多时间。没错，确实如此：正是因为没有时间进行规划，你才应该抽出时间进行规划。

这里说的规划，具体到我们的工作和生活中，其实就是要制定时间表，这要因你自己而定，每个人的条件不一样，自己制定的应该更好执行。我们不妨先来看看一名学生的时间表的制定过程。

“还有三个月的时间，我们就要高考了，这是一个紧张的备考过程，所以我们要抓住每一分每一秒的时间复习，然而，我认为复习绝不能毫无计划性。所以，第一步，我就给自己制订了一个很好的时间计划表，然后我会督促自己按照这一计划去复习。

那么，这个学习计划怎么去安排呢？包括哪些内容呢？在制定规划表之前，我认为先应该给自己做一个中肯的评价，做一个自我测评。比如现在2月份了，你的复习到了一个什么程度。

制订复习的计划，首先应该在时间上有大的安排，比如你在一天当中，上午是复习语文、英语，下午是复习数学和理科综合。现在考试有四门课，每科不是花均衡的时间。如果理科综合比较弱的话，可能花30%~40%的时间来攻它。如果数学比较强，可能只花10%的时间。一般来说，这个时候自己的弱项一定要多花一点时间。

对学科中的弱项也是一样，比如每天有两小时复习语文，在进一步分配时间时，如果你的文言文比较弱，就要多分配一点时间。

接下来，我们该培养出自己的考试节奏，逐渐固定做各类题型所需的时间，在考场上每个人的答卷速度都不一样，不要轻易被他人影响。

当然，我们还需要留出时间来休息和放松心情，本来这就是身心压力巨大的一段时间，如果把精神压垮了，考试很可能发挥失常。”

不难看出，这是一名高三学生备考的时间计划安排。那么，在日常的生活和工作中，具体的时间表该怎么制定呢？我们不妨根据时间的长短来进行划分：

1.长期的活动安排表

这可以是一年的，也可以是一个月的，也就是长期的活动安排表，因为时间较长，为了避免忘记，你可以把这份主要活动时间表抄在一张

大一点的卡片上，贴在桌子上或夹在笔记本里，这样你的脑子就不会乱成一团糟了。更重要的是，你还可以设想表中的空格就是你可以用来做其他必须做的事情的时段。

2.详细的一周时间表

如果有一份一周时间表作指导，有些人会工作得更好。一周时间表是一张扩大的总时间表。假如你的时间紧，但可以预先估计的话，你会需要一份详细的一周时间表。这种时间表只要在每月开始时安排一次就行了。

下面是做这张样表所依据的原则：

星期一至星期五、星期六上午六点到七点。准时起床，可以避免狂奔乱冲和狼吞虎咽的早餐（或干脆不吃）。

下午十二点到一点。用一小时来从容地吃午饭。五点到六点。晚饭前放松一下。你已经认真地工作、学习了一天，这是应得的报偿。

七点到九点。身体是革命的本钱，不要忽视运动对身体的益处。

九点到十点。避免开夜车，做一些简单的阅读工作，然后就寝。

3.日时间表

你可以会需要一张能随身携带的每日时间表，一张学生证大小的卡片正合适，你可以将它放在衬衣口袋或手提包里，这样，你需要的时候就可随时查看。

每晚睡觉前，你看一下总时间表，了解一下第二天要去做哪些事，哪些事要先做完，哪些事并不着急，并且有多少空闲时间，然后在一张卡片上草草写上第二天的计划：要办的事、体育锻炼、娱乐及你想参加的其他活动，给每一项活动规定时间。这样花费五分钟是非常重要的，这是因为：

第一，你把安排记在卡片上随时可查阅，这样可使你的脑子不会一片混乱。

第二，你能将未来的一天先在脑子里过一遍，好像这样就设置了一个心理钟，使你能按照预定的时间行动。

注意，每日时间表是以时段为基础组成的，不是由小片时间组成的。给每一个题目或活动规定一段时间将保证你工作的效率最高。

第 04 章

做知识的管理者，勤于学习保持生命的鲜活力

世界著名教育学家威廉·詹姆斯说过：“播下一种习惯，收获一种性格；播下一种性格，收获一种命运。”学习，无疑是每个人都应该养成的良好习惯。一个人如果让学习成为一种习惯，那就能够把握人生的正确方向。

坚持终身学习，持续提高自己

早在古代，人们就提出应该活到老，学到老。现代社会已经进入知识大爆炸的时代，知识的更新速度越来越快，知识的保鲜期越来越短，我们更应该坚持学习，这样才能及时补充新知识，拒绝落后。其实，学习是很宽泛的，学习不仅仅指学习知识，也包括技能的掌握、心态的调整、素质的提高、眼界的开阔。这与上文说到的读书不谋而合，我们应该读书，应该锲而不舍地学习，跟上时代的脚步。荀子认为，学习是没有止境的，只有生命结束的时候，学习才能停止。对于学习，近代著名教育家陶行知先生说，“活到老，干到老，学到老，用到老”。我们伟大的领袖毛主席一生读书广博，学识深厚，聪慧过人，这离不开他勤奋好学的精神。直到去世前夕，毛主席的卧室里依然摆满了书籍，书籍陪伴毛主席度过了戎马一生。

现代的教育观念和以往任何一个时代都不同，终身教育的理念已经被提到大教育观的高度。联合国教科文组织在《终身教育的展望》中指出：“学习和工作应该是贯穿人一生的持续的过程”。学习与生活不再是两个改变，而是合二为一，学习就是生活，生活就是学习，学习已经变成了生活的常态，始终与生活相伴。对于一个国家一个民族而言，要想真正实现可持续发展，就必须养成终身学习的习惯。大到整个社会，小到单位和个人，学习能力都是实现生存和发展的核心能力。不学习的

人，无法在21世纪很好地生存，甚至会被社会淘汰。

举个形象的例子，很多人都用过可以充电的“蓄电池”。这种电池不同于一般的电池，普通电池电量耗完就要丢掉，不可再用，但是蓄电池是可以重复使用的。每隔一段时间或者蓄电池里的电用完的时候，我们只需要给其插上电源充电，它很快又可以能量满满地为我们所用。其实，我们如今也是社会的一块蓄电池。整个社会的运转，需要无数块蓄电池为其提供能量，产生推动力和创造力。如果我们只是普通电池，从不充电，那么电量耗尽之后就会被丢弃。但是，只要我们定期给自己充电，我们就能从电量即将耗尽的状态重新变得能量满满，充分实现自己的人生价值。不学习，则退步，最终被淘汰，我们要想终生胜任一个岗位，为社会所需要，就必须提高自己的学习能力，坚持终身学习。

彼得·詹宁斯是美国ABC晚间新闻的主播。正当他的事业风生水起时，他却辞职了，这让很多人都大吃一惊。原来，他辞职的目的是去新闻第一线锻炼自己。在辞去主播职务的那段时间，他当过记者，做过美国电视网中东特派员，后来还去欧洲地区工作。经历了这么多，当他重新做回ABC主播时，已经完全褪去青涩的风格，成功走向成熟稳健。他是台里最受欢迎的主播，人气非常旺，这使他的事业产生了质的飞跃。

彼得·詹宁斯非常优秀，让他变得更加优秀的是他的学习能力。在小有成就之后，他并没有骄傲，而是选择放下自己，深入新闻一线，为自己充电。正是这种谦逊好学的态度，使得他的事业再创辉煌，勇攀高峰。毫无疑问，我们都应该向彼得·詹宁斯学习。对于所有人来说，不管从事哪个行业，也不管担任什么职位，学习都是不可或缺的。要知道，要想在事业上有所发展，我们必须掌握最新的知识，让自己拥有一技之长。当你的知识和技能帮助你的事业获得成功时，千万不要骄傲，而应该再接再厉；当你的知识和技能不足你所用时，要加快学习的脚步，加大学习的力度。信息时代知识的更新速度非常快，只有持续学习，才能帮助我们在社会生活中赢得一席之地。只有学习，才能让我们的人生更充实、更有意义。

为自己树立一个榜样，并朝着他努力

有人说："播种一种思想，收获一种行为；播种一种行为，收获一种习惯；播种一种习惯，收获一种性格；播种一种性格，收获一种命运"。那么，播种榜样，能够得到什么呢？榜样的力量是无穷的，这句话几乎人人都耳熟能详。我们要说，播种一种榜样，收获奋斗的目标，收获行为的镜子。榜样，不但能够给我们力量，让我们勇敢地向上攀登，也能让我们得到言行的参照物，让我们时刻以榜样为标准反思自身，加倍努力。在一个集体之中，榜样更相当于是一面旗帜，迎风起舞，带着团队里的所有成员一路向前。

曾经，雷锋作为全民学习的榜样，传遍了全国各地。一夜之间，人人学雷锋，社会风气极大好转。后来，赖宁向雷锋学习，为了扑灭山火，付出了自己宝贵的生命。这就是榜样的力量，它代代传承，给予人们精神上的指引。一旦我们为自己树立了榜样，他就会成为我们心中的坐标，我们的言行举止会不自觉地朝着榜样靠拢，使自己的精神也得到提升。现代社会，各种榜样依然层出不穷。喜欢跑步的人会以刘翔为榜样，因为他扛着中国的旗帜跑进了世界；游泳的运动员会以田亮为榜

样，希望自己像他一样在奥运会上为中国夺冠……很多人都有自己心目中的榜样。对于普通人而言，虽然我们的榜样未必是最出色的，但是一定是在特定时间内或者某些方面比我们优秀的。学习和进步之中的人，尤其需要榜样。法国作家卢梭说："榜样！榜样！没有榜样，你永远不能成功地教给儿童以任何东西。"榜样对于学习的促进作用，是无可取代的。要想快速地成长和进步，除了努力之外，我们必须给自己树立典型的榜样。就像运动员跑马拉松一样，如果把终点当成目标，往往很难坚持跑完全程；如果把马拉松全程分段，每段都以鲜明的目标物作为一个阶段的终点，那么跑完全程就会变得轻松一些，速度也会得到提升。榜样，就是我们在特定人生阶段的标志物，有了这个标志物，我们才会变得更有目的性，成长也会更快速。

在一个销售团队中，业绩始终是领导识人的重要指标。李强最近很苦恼，因为他已经进入某某二手房经纪公司半年了，到现在，连一套房子都没有卖出去。这可怎么办呢？李强心急如焚，他很想挣钱，即使不挣钱，也需要成交一套房子证明自己的能力。对此，他不知所措。正当李强就像霜打了的茄子一般愁眉苦脸时，他的组长来找他谈心了。

组长问："李强，你进公司半年了，还没有开单，着急吗？"

李强不假思索地说："当然着急啊，怎么能不急呢！我都快急死了，但是我真的不知道应该怎么办？"

"有个方法很简单，你想试试吗？"

"什么方法？"李强迫不及待地问。

"璐璐是和你一起进入公司的，她现在已经开了三单了。我想，你只需要向她学习，把她当成你最近这段时间的榜样，总会有收获的。"

"我是一直在向她学习啊！"

“你学习的程度还远远不够。如果你相信我说的，就开始模仿她吧。她干什么，你就干什么。她社区开发，你也去社区开发；她打电话联系客户，你也打电话；她去看房，你就跟着，看看她是怎么和客户业主沟通的……总而言之，你先把自己变成她的影子吧。目前，这是我能想到的最好办法，该教你的我也都教了，你必须自己慢慢领悟。”

听了组长的话，李强真的把自己变成了璐璐的影子。渐渐地，他发现自己之前的学习都是浮于表面的，真正的学习，从他变成璐璐的影子开始。就这样，两个月之后，李强迎来了人生第一单房屋买卖。那一刻，他想到的不是钱，而是成就感和满足感。在此之后，李强把璐璐当成是自己的榜样，在业绩上与璐璐你追我赶，他们俩双双成了公司的销售冠军。

这就是榜样的力量。很多时候，我们心里所想的学习太过宽泛，也不够具体。有了榜样之后，这一切才会变得生动起来。只要我们始终把榜样作为自己心中的目标，努力不放松，我们最终就会成为和榜样一样优秀的人。

罗曼·罗兰说：“要想把阳光撒到别人心里，自己心中首先要有阳光。”想要变成和榜样一样的人，就是我们心中的阳光和希望。要想成功，我们就要为自己树立一个生动的榜样，然后不遗余力地朝着榜样的高度努力，直至获得阶段性的成功。此后，根据自身的发展，我们依然可以为自己树立一个更高层次的榜样。在超越榜样的过程中，我们会离成功越来越近。

始终保持空杯心态，坚持学习和积累

人生的旅程，需要不断地收拾行囊，丢弃那些不用的东西，才能轻装上阵，加快速度。在学习的道路上，我们同样要学习把自己放空，保持空杯心态，这样才能虚心学习，保持进步。所谓空杯心态，其实是心理学范畴内的概念。宽泛地说，指的是做事情之前要有好的心态。形象地打个比方，每个人都是一个杯子，我们学到的知识被我们放进杯子之中。这个杯子的大小取决于你的内心。如果你觉得自己掌握的知识远远不够，永远都像刚刚入学的小学生一样求知若渴，那么你的杯子就会变大，容纳你不断学习新的知识。相反，如果你觉得自己已经学到了很多知识，懂得了很多道理，完全不需要再学习了，那么你的杯子就会变小，甚至把你之前装进去的知识也溢出来。如此一来，你已经没有空间再去容纳新知识了。怀有空杯心态的人，总是非常谦虚，从不骄傲自满，所以他们在人生的道路上始终在学习，从不觉得满足。一代武学宗师李小龙之所以能够成为举世闻名的功夫巨星，正是因为他始终推崇空杯心态，他说："清空你的杯子，方能再行注满，空无以求全。"

细心观察生活的人会发现，拥有空杯心态的人从来不说自己当年的成就。因为成就一旦问世，就已经成为过去的荣耀。他们想得最多的是，如何利用现有的条件，创造更加辉煌的未来。相比之下，骄傲自满的人则总是说自己以前怎么样，沉浸在过去的荣誉中，不愿意往前走。他的内心已经被过去的光荣充满了，再也没有空间迎接新的荣耀。人生是一场盛大的宴席，而不是一道精妙绝伦的菜品。不管多么绚烂地过去，在人生的宴席上，一旦过时，就变成残羹冷炙，绝不会再被呈现上来。人生的成就，就是人生宴席上的一道道菜品。我们应该以自己取得的成就为阶梯，往人生更高处攀登，而不能有了成就就止步不前，低头往下看。

要想拥有空杯心态，首先要学会舍弃。不但要舍弃荣誉，也要舍弃我们曾经遭受的挫折。如果你一心沉浸在曾经的困难和挫折中，就没有勇气朝前走。其实，当你经受过失败，失败就已经成为过去。我们应该做的是从失败中汲取经验，为将来走向成功做准备，而不是一味地淹没在失败的阴影中，错失更多成功的机会。生活中，一个人需要舍弃的东西太多太多了，既然人生的旅程需要轻装上阵，我们只需要留下最宝贵的品质就好。

大森林里召开了一场运动会，一匹千里马轻轻松松就获得了“马拉松”比赛的冠军。夺冠之后，它的生活发生了很大的变化。每天都有小伙伴请它一起玩儿，找很多机会赞美它。为了与冠军交好，猴子打造了一副黄金马掌送给千里马，这副马掌非常厚重，足足有好几斤沉。穿上这副马掌之后，千里马每走一步，都能发出清脆的响声。狐狸呢，别出心裁，送了一副用珍珠和金线编织成的马鞍给千里马，在阳光下，千里马变成了熠熠闪光的金马。渐渐地，千里马也觉得自己非常了不起。它让铁匠为它打造了一个铁盒子，把奖牌放在里面，每天都挂在脖子上四处炫耀。转眼之间，一年一度的森林运动会又开始了。千里马对冠军势在必得，它昂首挺胸地进入赛道。然而，跑了不到一半，它就跑不动了。因为金子做的马掌、珍珠镶嵌的马鞍，还有铁盒子装着的奖牌都太沉重了。再加上这一年多来，它始终忙于应酬，很少有时间锻炼，身体机能也急速下降，好不容易坚持到赛程过半，它就弃权了。

不知道的人，都以为苗苗是业务上的大拿。因为她动辄就说：“看看你们谁能破得了我的销售纪录，我可是一个月成交了五套房子

啊。”“你们这些徒子徒孙，还且得锻炼着呢！现在这样可不行，水平还差远了。”“在我们公司，还没有谁不给我面子呢，我还是有点儿面子的。”刚刚进公司的时候，婷婷以为苗苗是个神人。然而，半年过去了，除了听着苗苗吹嘘她曾经一个月卖掉五套房子，再就是每天数落数落新人，苗苗再也没有其他的工作上的突出表现。婷婷这才知道，眼前这个黑黑胖胖的丫头就是个自大狂。渐渐地，团队里的人都知道苗苗的为人，大家一听她说话就赶紧躲得远远的，省得听她像祥林嫂一样唠叨。半年又过去了，苗苗被领导开除了。

千里马在获得荣誉之后，就忘记了自己是怎样成功的。苗苗呢，一辈子都抱着自己曾经那点儿小小的成就生活，还自以为是，最终被开除是必然的。一个杯子，如果里面装了浑水，那么不管再加入多少水，也都还是浑浊的。只有倒空，放入清水，才能变得清澈起来。人心也是如此，哪怕只有一丝一毫的骄傲自满，也让你无法做到真正虚心地学习。所以，我们必须放空心态。

空杯心态是对自己的一种挑战。如果一个人始终能够保持谦逊，那么一定会取得很大的进步。在变幻莫测的职场上，真正能够经得起考验的人，就是那些有真才实学的人。真才实学靠什么，就靠持续的学习和积累。

时刻不忘充电，转变已是必然

有一句名言是这样说的：“除了生命之外，我们还有一样东西不能放弃，那就是学习。”是的，所谓的“活到老，学到老”就是这个道

理。在现在这个充满竞争的时代，我们只有不断地学习充实自己才能更好地适应社会的发展，才不会在自己的前进道路上迷失方向。社会的竞争规则是强者胜，企业的用人标准是能者上。就算你曾经风光无限，但如果你停滞不前，很快就会被甩在后面，甚至惨遭出局。朋友们，时时为自己充电，带着满满的能量出发吧！

李志鹏是一所大学法律系的毕业生，从小他就梦想自己有朝一日能够成为一个出色的律师。所以，他毫不犹豫的就选择了去一家律师事务所工作，李志鹏的同学都嫌进律师事务所给人打工赚钱既少又累，简直就是浪费青春，所以他们大部分都出去单干了。可是李志鹏却不这样想，临近毕业的时候他就已经搜集了很多律师事务所的资料，查阅了一些比较出名的律师，其中一位叫李海的律师就是他非常想要学习的榜样。的确，这位律师现在出了名，被人称为百姓的律师。李海为老百姓打官司，无论多么难办的案子他都弄出了头绪。李志鹏来到这家律师事务所，想方设法为李海老师工作。李志鹏每天跟在李老师后面，一点一滴地向他学习，和李海老师一起办了几件大官司。渐渐地，当地的百姓都知道李海老师有一个好学生叫李志鹏，他的办事能力也很强。李海老师每当忙不过来的时候，事情都交给李志鹏做。李志鹏终于也成了当地的著名律师，实现了自己的理想。

如果你不知道怎样去提升自己，激发自身的潜在力量，那就找一位你所热衷的行业里的成功的前辈作为榜样来学习，你可以全方位、多角度地来学习前辈的方法、模式、经验，时间久了，遇到合适的机会，你就会在这个领域成就一个不平凡的自己。

东吴名将吕蒙，因家庭条件没有读书，但他作战英勇，屡立战功。孙权即位后，就提升吕蒙做平北都尉。

建安十三年（公元208），孙权派吕蒙为先锋，亲自攻打黄祖。吕蒙没使孙权失望，他斩了黄祖，胜利回师，被提升为横野中郎将。

但吕蒙有个缺陷，他学识不高。带兵镇守一方，每向孙权报告军情时，只能口传，无法书写。一天，孙权对吕蒙和蒋钦说：“你们从十五六岁开始，一年到头打仗，没有时间读书，现在做了将军，应多读书。”吕蒙说：“忙啊！”孙权说：“再忙，有我忙吗？我不是要你做个寻章摘句的老学究，只要你粗略地多看看书，多学习一点。”说着给他列出详细《孙子兵法》《六韬》《左传》《国语》《史记》《汉书》等。

此后，吕蒙开始发奋读书，后来竟达到了博览群书的地步。

鲁肃做都督的时候，仍然以老眼光来看待吕蒙，以为吕蒙还是学识不高的武将。有一次，鲁肃同吕蒙聊天。吕蒙问鲁肃：“您肩负重任，对于相邻的守将关羽，您做了哪些防止突袭的部署？”鲁肃说：“还没有主意！”吕蒙就向鲁肃陈述了吴、蜀的形势，提了五点建议。鲁肃听了非常佩服，赞扬吕蒙见识非凡，认为吕蒙很有才华。鲁肃走到吕蒙跟前，拍拍他的后背说：“真是聪明一世，糊涂一时，吕兄进展如斯，我却总以为你只有勇武。不想，听君一席话，茅塞顿开，原来吕兄也是饱有学识，可笑愚弟走了眼。”

吕蒙一笑说：“士别三日，理应另眼相看，况且你我之别，远非三日。今日一叙，大哥你可不能再用老眼光来看我了。”

从此二人成了好朋友。不久他又接替鲁肃统率东吴的军队，成为一代名将。

这就是转变，源于不断的学习和努力。朋友们，也许你会说你现在很忙，没时间学习。可是想一下，我们伟大的领袖毛主席用一生在学习、读书，即便是晚年疾病缠身，也没有阻挡他学习的脚步。我们有什么理由说自己很忙、很累？平时再忙，也要读一些好书，比如与自己工作密切相关的书，开拓自己眼界的书，等等。

兴趣爱好使人眼界开阔、胸襟豁达

中国现代哲学家、哲学史家张岱年曾经说过这样一段话："养生之道并非高深莫测，无非在为人处世方面，要看透事物，不要去自寻烦恼；须知，福德即在我身，何须外求？因而要以德邀福，以善却凶。另外，热爱生命者要接受生活，所以要注意培养兴趣和爱好，时常做一些能使自己身体放松，心态平静的事情，如听音乐、练书法、看书、静坐、散步、练太极拳、到大自然中去欣赏清风明月，绿水青山……如果说有养生秘笈，我所公开的这些秘笈，人人都可以做到，问题就看你去不去做……"是的，培养一些兴趣爱好对一个人的身心健康有着很重要的作用。正如现在，很多人在这个物欲纵流的社会里迷失了自己，感到压抑、空虚、迷茫，倘若多多培养一些兴趣爱好，比如健身、旅游、读书等，在一些闲暇的时间或烦闷迷茫的时候，这些都会充实你的生活，对于提高人的生活质量、不断修整人生的方向也有着很大的作用。

小艾是某公司的一位设计师，有一个体贴的老公、一个可爱的儿子，周围的人总是说"小艾，你每天看起来好快乐""小艾，你过得真幸福，真羡慕你"。说实话，小艾也对自己的生活很满意，不过她知道这一切都是兴趣爱好带来的。

小艾的兴趣比较广泛，只要是一切美的事物，她都喜欢。小艾有

几项固定的兴趣爱好，比如：画画、看书、做瑜伽、听音乐、唱歌……生活几近枯燥乏味，小艾就通过自己的这些兴趣爱好陶醉在自己的境界里，充实自己的生活，而这也是她快乐的动力。不过，生活对小艾也不总是“微笑”的，她的工作、家庭中难免会发生不愉快的事情，此时小艾依然会用自己的喜好来调整自己，比如，组织几个姐妹去健身房锻炼，在运动中释放自己的压力，让烦闷随汗液一起排泄出来。

其实兴趣爱好对于小艾来说不仅可以调整身心，它还能让小艾的生活品位和修养得到了很大的提升，小艾能够从不同的娱乐中总结出生活的智慧，发现生活的新天地。因此，小艾的工作灵感一次次迸发，多次得到了经理的表扬，赢得了老公的万般宠爱。

朋友们，不要抱怨你的生活多么的枯燥和无聊，那是因为你不懂生活，没有发现其中的美。懂得感受生活的人，总是能经营出不一样的乐趣，每一天都丰富多彩、斑斓多姿。生活中，当然应该有工作，同样也应该有业余爱好。如果你只知道死板的沉浸在一个工作或者物质里，那么你的人生将会黯然失色。一个人如果怀有浓烈的兴趣爱好，他必定比旁人更能体会生命的可贵可爱，获得精神的欢悦。

兴趣爱好使人眼界开阔，使人胸襟豁达，朝气蓬勃，个性也会得到充分发展，精神境界也会变得高尚。因为爱好，我们才会去自觉的完成，深入去研究，而且在做的过程中整个心情是愉悦的，开心的。

陈玉和她的老公李浩是大学同学，李浩家境比较好，毕业之后也有一份非常好的工作，生活可以说是非常宽裕。毕业之后没多久，他们就结婚了，自从和李浩结婚后，陈玉就在朋友的羡慕中辞职做了全职太太，然后和一般女人一样经历了怀孕、生子。陈玉的人生似乎就应该围着老公李浩和孩子转了。可是她并不开心，因为陈玉感觉自己生活得很空虚，每天李浩回家后，他们的话题就是孩子今天怎么样，今天吃什么。陈玉越来越觉得自己的生活很压抑，需要呼吸一下外面的新鲜空气。

有一次，陈玉和以前的同学一起聚会，对以前的几个闺中密友说了自己的苦衷，其中一个同学张静对她说："陈玉你别不知足了，你这是生活过得太舒坦了，吃喝不愁，不用还房贷，也不用为了一点经济问题犯难，你还说空虚？"另外一个同学李云说："其实我还是比较理解陈玉的，因为之前我也是这样的生活，感觉都找不到自己了，一个人没有了生活的乐趣和追求的目标，简直生不如死，一个女人被限制在家庭中，的确很苦闷。其实我觉得陈玉应该重新去寻找生活的目标，有了兴趣，生活自然就有了意义。"听了朋友的话，陈玉决定出去工作，在一个舞蹈学校做老师。

从那以后，陈玉忙碌起来了，虽然忙，但她的生活开始有滋有味，她也慢慢地了解到老公工作的辛苦，两人的关系似乎又回到了恋爱的时候。

有自己的兴趣爱好，生活就会变得五彩缤纷，也会有着向上的动力，不会有闲心思去无聊、压抑。因为，一个有思想的人是不会允许自己的人生死气沉沉的。

把优秀当成习惯，你也会成长为优秀的人

我们的现实生活中，相信每个人都有自己的理想，并渴望成功，而最终能成功的人只不过是极少数，而大多数只能与成功无缘，他们不能成功是因为他们往往空有大志却不肯低下头、弯下腰，不肯静下心来努

力学习、从身边的本职工作开始积聚自己的力量。要知道，只有一步一个脚印，踏实、不浮躁的学习，才能为成为一个优秀的人，当你把优秀当成一种习惯后，你也就离成功不远了。

事实上，当今社会更是一个需要人们不断学习的社会，知识的更新速度越来越快，曾有人说，“知识的半衰期仅为5年”，也就是5年之内，掌握的知识就有一半过时。这句话无疑警示所有的人，要想在当今社会生存并发展下去，我们必须要不断地学习和充实自己，不断地更新自己的知识结构，继而成为一个优秀的人，否则，我们只能被时代所淘汰。

然而，任何一个习惯一旦养成，它就是自动化的，如果你不去做反而会感觉很难受，只有做了才会感觉很舒服。因此，关于好习惯的培养，你不妨给自己订一个计划，然后用日程本记下自己执行计划的过程。那么，21天后，你将养成好习惯，坚持21天，你就会成功。坚持21天，就能改变你的意识，影响你的行为，为你带来超乎想像的成功。你又何乐而不为呢?

那么，生活中的人们，你该怎样主动去培养哪些成功的习惯呢?

1.多阅读、积累知识

除了你学习的书本知识外，你还应多阅读课外书籍，多读书最大的好处就是可以增长知识，陶冶性情，修养身心。

2.变懒惰为勤奋

从古至今，我们发现，任何一个能做到99%勤奋的人都能最终取得成功。李嘉诚就是最好的例子。

有位记者曾问亚洲首富李嘉诚：“李先生，您成功靠什么？”李嘉诚毫不犹豫地回答：“靠学习，不断地学习。”不断地学习知识，是李嘉诚成功的奥秘！

李嘉诚勤于自学，在任何情况下都不忘记读书。青年时打工期间，他坚持“抢学”，创业期间坚持“抢学”，经营自己的“商业王国”期间，仍孜孜不倦地学习。李嘉诚一天工作十多个小时，仍然坚持学英语。早在办塑料厂时就专门聘请一位私人教师每天早晨7点30分上课，上完课再去上班，天天如此。当年，懂英文的华人在香港社会是“稀有动物”。懂得英文，使李嘉诚可以直接飞往英美，参加各种展销会，谈生意可直接与外籍投资顾问、银行的高层打交道。如今，李嘉诚已年逾古稀，仍爱书如命，坚持不断地读书学习。

一个人不可能随随便便成功，李嘉诚向每个渴望成功的人展示了这个道理。可能你会惊羡于李嘉诚式的成功，但却做不到李嘉诚式的努力与勤奋。那么，你不妨问问自己：我做到99%的勤奋了吗？如果你的回答是否定的，那么，你就知道症结所在了。也许，有些人会说，我不够聪明。而实际上，即使智慧，也源于勤奋。没有人能只依靠天分成功。自身的缺点并不可怕，可怕的是缺少勤奋的精神。在勤奋面前，再艰巨的任务都可以完成，再坚定的山也都会被“移走”。滴水能把石穿透，万事功到自然成。唯有勤劳才是永不枯竭的财源。

3.主动探求知识

可能你觉得现在的你已经具备了很多知识，但事实真的如此吗？再退一步讲，人生的知识并不是书本上的，你真的对周围生活和自然以及各个方面都了如指掌吗？如果你觉得自己什么都懂，你多半不会是一个谦虚的人，实际上，越是知识渊博的人越是发现自己知道的少，培养好奇心也可以达到同样的效果，越是充满好奇越是对未知充满敬畏，也就越谦虚。

4.勇于创新

骄傲自满，你将很快就被超越。而只有进步才能获得更强的竞争力。然而，没有创新就不可能进步。因此，你应该将自己的求知欲望和求知兴趣激发出来，鼓励自己多动脑、动手、动眼、动口，使其善于发现问题，提出问题，并尝试用自己的思路去解决问题。

5.要有坚定的决心和持之以恒的毅力

这是老生常谈的话题，但依然重要。那么，如何做到中途不放弃？你要有良好的心态，乐观的精神和自信心。很多人选择目标后又中途放弃，就是因为觉得坚持这么久，没有成果，觉得自己学的没有用。其实，条条大路通罗马，既然选择了自己的路，就要毫不犹豫地走，一直在原地徘徊，犹豫不决，不知是否该前进，只能让时间白白流走而已。

当然，任何习惯的改变和形成，都是艰难的，但只要我们经历一段时间，一旦习惯形成后，它就会成为一种自动化的、下意识的行为反应了。

第 05 章

做欲望的管理者，不贪慕虚荣的人生更恬适

史蒂夫·乔布斯年轻时每天凌晨四点就起床，九点前把一天工作做完。他说：自由从何而来？从自信来，而自信则是从自律来。如果一个人严于律己，把控事情，便会赢得得意的人生。学会做欲望的管理者，不贪慕虚荣的人生更恬适。

失去自制力，就是失去了对生命的控制权

我们知道，人的欲望是无限的，但作为一个身心健康的人，一般都能控制自己的欲望，而被欲望控制的人将没有幸福感。我们任何一个人，都应该明白一个道理，知上进、有所追求是一件好事，但让欲望占据了内心，便给人生的悲剧拉开了序幕。

美国著名的心理学家米卡尔曾经做过一著名的“糖果实验”。

实验的对象是一群四岁的孩子。米卡尔将他们留在一个房间里，然后发给他们每人一颗糖，告诉他们：“你们可以马上吃掉软糖，但如果谁能坚持到我回来的时候再吃，就能得到两块软糖。”他离开后，大概有30%的孩子因为经受不住糖的诱惑而吃掉了糖；有一部分孩子一再犹豫，等待，但还是忍不住诱惑，将糖塞进了嘴里吃了；而另外一部分孩子却通过做游戏、讲故事甚至假装睡觉等方法抵制诱惑，坚持了下来。20分钟后，实验者回到房间，坚持到最后的孩子又得到了一颗软糖。

实验者跟踪研究了14年后，发现前后两种孩子的差异非常显著。坚持下来、自制能力强的孩子社会适应力较强，较为自信，人际关系也较好，也较能面对挫折，会积极迎接挑战，不轻言放弃。相反，那些自控力差的孩子怯于与人接触，优柔寡断，容易因挫折而丧失斗志，经常否定自己，遇到压力容易退缩或不知所措，更容易嫉妒别人，更爱计较，

更易发怒且常与人争斗。这些孩子在中学毕业时又接受了一次评估，结果表明，4岁时能够耐心等待的孩子在校表现更为优异，他们学习能力较好，无论是语言表达、逻辑推理、集中精力、制定并实践计划、学习动机等都比较好。更让人意外的是，这些孩子的入学考试成绩普遍较高；而最迫不及待吃掉糖果的那三成孩子，成绩则最差。

由此，我们可以看到，一个人要想成功，跟他控制住自己的欲望有非常密切的关系。我们可以看到的是：古往今来，凡是成功人士，他们往往具有一个共性特质：善于自律，以达到某种目标。我们听过这样一句话“上帝要毁灭一个人，必先使他疯狂。”这句话的意思是，一个人，一旦失去自制力后，那么，他距离灭亡的距离也不远了。的确，一个人连自己的行为也不能控制，又怎么能做到以强烈的力量去影响他人，获得成功呢？

有这样一个寓言故事：

一只生活在原始森林里的猴子常听人说，天堂里的生活最美好。于是，它决心要找到天堂。

经历了千辛万苦的跋涉，终于有一天，猴子来到一座美丽的小镇。这里有五彩缤纷的花园，奇特的建筑，喧闹的街道，诱人的美味。猴子高兴极了，它结交了不少朋友，每天和小动物们做游戏，搞比赛，听音乐，真是无比的快乐。它觉得这就像是自己要找的天堂。

然而，猴子很快就觉得好像有点美中不足，因为这里实在规矩太多，就比如在花园中玩耍，好看的花只供观赏，不能摘，而在原始森林里，只要你喜欢，你可以随便摘，还可以编制成花环戴在头上。然而在这里，有一次，它刚摘一朵，就被小白兔逮到了，狠狠地批评了它一顿，还被罚在花园里干半天活儿。还有，猴子吃完香蕉，随手把香蕉皮

扔在路边，又被大公鸡看到，被罚扫一天街道。猴子倒不是怕劳动，就是觉得限制自由让他无法忍受。

终于有一天，猴子在因为一点小事和黄狗打架而被罚做五天公益劳动时，愤然离开了小镇。猴子想："这里肯定不是天堂，天堂里的生活应该无拘无束。"于是，猴子又开始了寻找……

猴子的愿望就是无法满足的，其实，人类何尝不是如此呢？年轻人也应该学会控制自己的愿望，只有脚踏实地、放弃虚无的愿望才是幸福的。

对某些人来说，生命是一团欲望，欲望不能满足便痛苦，满足便无聊，人生就在痛苦和无聊之间摇摆。这样的人生无疑是可悲的。

日本京瓷公司的创始人稻盛和夫曾说："欲望和烦恼其实也是人类生存下去的动力，不能一概加以否定。但是，同时也有狠毒的一面，不断使人类痛苦，甚至断送人的一生。如此看来，所谓人类，是何等因果报应的动物啊！因为我们自己生存中不可或缺的动力，同时又是可能致使自己不幸、甚至毁灭的毒素。"

事实上，当生活越简单时，生命反而越丰富，尤其是少了物质欲望的牵绊，我们越是能够从世俗名利的深渊中脱身，感受到自己内心深处的宽广和明净。因此，每一个人都应懂得修剪自己的欲望。

一个人，如果能战胜自己的欲望，那么，他就是个自控心理强、意志力强的人。我们生活中的每个人，都要记住，你虽然平凡，但你也依然可以追求不平凡的生活。只要经常修剪自己的欲望，任何环境中的人，都可以走向成功。

防微杜渐，不要让虚荣心滋生

我们知道，人人都有自尊心，然而，当自尊心受到损害或威胁时，或过分自尊时，就可能产生虚荣心。有人说，虚荣心与欲望是相伴相生的，当我们的内心被虚荣心占据时，很多不合理的欲望也就随之出现了，最终很有可能发生人生观和价值观的扭曲，甚至通过炫耀、显示、卖弄等不正当的手段来获取荣誉与地位。心理学家指出，如果我们不加以控制虚荣心理的话，轻则会影响到我们的心理健康，严重的甚至会让我们产生心理疾病。而只有做到少一些比较，才能多一些开怀。

布思·塔金顿是20世纪美国著名小说家和剧作家，他的作品《伟大的安伯森斯》和《爱丽丝·亚当斯》均获得普利策奖。在塔金顿声明最鼎盛时期，他在多种场合讲述过这样一个故事：

那是在一个红十字会举办的艺术家作品展览会上，布思作为特邀的贵宾参加了展览会。其间，有两个可爱的十六七岁小女孩来到他面前，虔诚地向他索要签名。

“我没带自来水笔，用铅笔可以吗？”布思其实知道她们不会拒绝，他只是想表现一下一个著名作家谦和地对待普通读者的大家风范。

“当然可以。”小女孩们果然爽快地答应了，他看得出她们很兴奋，当然她们的兴奋也使布思备感欣慰。

一个女孩将她的非常精制的笔记本给布思，布思取出铅笔，潇洒自如地写上了几句鼓励的话语，并签上他的名字。女孩看过布思的签名后，眉头皱了起来，她仔细看了看布思，问道：“你不是罗伯特·查波斯啊？”

“不是。”布思非常自负地告诉她，“我是布思·塔金顿，《爱丽丝·亚当斯》的作者，两次普利策奖获得者。”

小女孩将头转向另外一个女孩，耸耸肩说道：“玛丽，把你的橡皮借布思用用。”

那一刻，布思所有的自负和骄傲瞬间化为泡影。从此以后，布思都时时刻刻告诫自己：无论自己多么出色，都别太把自己当回事。

从这个故事中，我们可以得出的一点是，虚荣心要不得。有时候，在我们看来可以炫耀一番的事，也许在别人眼里不值一提，甚至会让他人产生鄙夷的情绪。也就是说，无论如何，我们都要低调一点，绝不可因为自己一点小成就而沾沾自喜。

事实上，当生活越简单时，生命反而越丰富，尤其是少了物质欲望的牵绊，我们越是能够从世俗名利的深渊中脱身，感受到自己内心深处的宽广和明净。因此，每一个人都应懂得修剪自己的欲望。

生活中的人们，如果你也有虚荣心，那么，你最好做自己的心理医生，从以下几个方面做好心理调节：

1.完善自己

一个人如果明白只有完善自己才能逐步提高的道理，也就能转移视线，不仅找到了努力的动力，也会豁然开朗。

2.尽可能地纵向比较，减少盲目地横向比较

比较分为纵向比较和横向比较。横向比较指的是将自己与他人比，而纵向比较指的是将昨天的自己和今天的自己比，找到长期的发展变化，以进步的心态鼓励自己，从而可以建立希望体系，帮助个体树立坚定的信心。

3.正确认识荣誉

通常情况下，虚荣的人都很爱面子，希望得到别人的肯定和赞扬，

希望每一个都羡慕自己。要避免形成爱慕虚荣的性格，你就必须以正确的心态面对荣誉，每个人都应该争取荣誉，这是激励自己前进的动力，但决不能以获得面子为目的。许多事实证明，仅仅为了获取荣誉而工作的人，荣誉往往与他无缘。倒是不图虚荣浮利的人，常常会“无心插柳柳成荫”，于不知不觉中获得荣誉。也就是说，只要我们脚踏实地地做好本职工作而淡化名利的话，荣誉自然会光顾我们。

4.脚踏实地

脚踏实地的人懂得通过自己的双手和劳动来获得物质和财富，这样的人才是最可爱的、令人敬佩的。

总之，你需要明白的是，虚荣心本身说不上是一种恶行，但不少恶行都围绕着虚荣心而产生。这种心理如同毒菌一样，消磨人的斗志，戕害人的心灵。为此，你必须要做到防微杜渐，不要让虚荣心滋生。

绝不能陷入无止境的欲求之中

“贪者，恶之大也”，“祸莫大于不知足”“非智之不足，非技之不胜，利令智昏，贪婪之心，才是天下祸机之所伏。”贪婪是人性的一大弱点。一般而言，贪婪心理的形成主要有以下几个方面：错误的价值观念——认为社会是为自己而存在，天下之物皆为自己拥有。这种人存在极端的个人主义思想，是永远不会满足的。他们会得陇望蜀，有了票子，想房子，有了房子，想位子，从不会满足。于是，他们陷入了无止境的欲求之中，一旦自己的欲求满足不了，就开始产生焦虑情绪，又有何快乐可言？

人们常说“欲壑难填”，的确，尤其对物质欲望、富贵荣耀、名利的追求，更是无穷无尽，而这，很可能会让我们迷失自己，保持一颗平常心，拿捏好尺寸，才能得之淡然、失之坦然，才能合理地节制自己的欲望!

《论语别裁》中说：“有求皆苦，无欲则刚”。其实，欲是人的一种生理本能，每一个人都有形形色色的“欲”，有的时候，合理的欲望是人们生存的原动力。不过，凡事都不可过度。假如对欲望不加以合理的控制，人们就会有越来越多的贪念，最终导致欲壑难填。在生活中，越来越多的贪求欲者被物欲、财欲、权欲等迷住心窍，攫求无度，终至纵欲成灾。然而，一个人活着就无法摆脱各种各样的欲望，只要有欲望，就会有所求，而有所求又必然导致人们与痛苦纠缠。有这样一个故事：

从前，有一户人家，弟兄三人。

老大是个笨蛋，村里人认为他是个智力不健全的人，如今，他已经是个四十好几的人了，还没娶妻生子，一个人住在一间破茅屋里，连一件像样的衣服都没有。有人问他：“你最大的心愿是什么？”他情不自禁地脱口而出：“天天有新衣穿。”

老二，则是小康之家，衣食无忧，但也不知道为什么，他偏偏长相难看，结果，他只能娶一个很难看的妻子。所以，当问到他的心愿时，他就迫不及待地说：“天天娶美妻。”

而老三是个聪明人，会做生意，现在的他已经是富甲一方的儿了，当人们问他有什么心愿时，他却毫不顾忌地说：“挖一窨金。”

这是个故事，但从中足可以深刻地看出人的贪婪之心。“人心不足蛇吞象”，多么贴切的比喻。贪婪之心，就像是一个恶魔，一旦附身，

就会让人迷失自己。仔细再想，其实我们每个人又何尝不是如此呢？读过这个故事，我们都应该好好的反思一下了。如果我们能舍弃这些无止境的欲望，想想自己到底需要什么，我们是不是会收获更多呢？

其实，不管你是在温室中成长，还是在困苦中挣扎，欲望都会存在于你的心中，欲望可以成为我们的信念，支撑我们渡过难关，但是欲望也像鸦片，容易上瘾。皮埃尔·布尔古说过：“人们常常听到这样一句话：‘是欲望毁了他。’然而，这往往是错误的。并不是欲望毁了人，而是无能、懒惰，或糊涂。”

然而，现代社会中的人们，关于欲望，拿起来容易，舍下却难。生活在商品经济的大潮里，每个人都要面对物欲横流的红尘世界的诱惑，那些纷纷扰扰的现实，时刻都在迷惑着眼球，追求欲望加快了人们前进的脚步，总觉得不远处的鲜花和掌声正在向我们招手。其实，舍弃这些无止境的欲望也并非难事，只要我们学会关注眼前的幸福，体会人生，去欣赏生活中点滴的美好，我们的心境自然会豁然开朗。可见，有时，我们要懂得享受过程，真正让我们得到满足的也是过程，人的一生也是如此，最美的不是结果，而是人生的旅途。

其实，陷入诱惑的泥潭，源于内心的欲望。欲望就像毒品，是会上瘾的，当你一次满足了之后，就会不断地想要更多，那根本就是一个无法填满的无底洞，于是，你越来越难以抵御外面世界的诱惑。最后，人被欲望所控制着，甚至，成为了欲望的奴隶，并最终被那些诱惑所吞噬。所以，我们应该记住：想成大事，必先克制内心的欲望，学会抵御外面世界的种种诱惑。

人不能改变过去，也不能控制将来，人能控制改变的只是此时此刻的心念、语言和行为。过去和未来的东西都虚无缥缈，只有当下此刻才是真实的。因此，一个人的生命不管能否长久，生命过程应该是丰富多彩的，无论人的生命长久与短暂，人生的道路应该是宽阔有风景的，享受过程应该是愉快幸福的。

一个已经退休的富翁在海边买了一套房子，以安享晚年，这天，晚饭后，他在海边散步，看见一个衣衫褴褛的渔翁也躺在附近悠闲地晒太阳，便好奇地问道："你为什么不打鱼呢？"

"为什么要打鱼呢？"渔夫反问道。

"挣钱买大渔船啊！"

"再以后呢？"

"买了渔船就可以打很多的鱼，然后你就有钱了。"

"有钱了又能怎么样呢？"

"你就不用打鱼了，可以幸福自在的晒太阳啦！"

"我不正在晒太阳吗？"富翁哑口无言。

是啊，有时候我们苦苦追求的所谓的幸福与快乐，其实就在眼前，那又为什么不知足呢？我们中的很多人，也许经过多年的打拼和艰苦的奋斗，也会有所成就，难道一生就如此忙碌地拼搏到死吗？其实，享受真正的人生之旅比直到那旅程结束时还没有感受到快乐重要得多。

其实，要想控制自己对名利的欲望，我们就需要修炼自己的心情，使自己淡泊从容。但是，淡泊是一种很高的人生境界，淡泊是一种品质，一种德行，一种修养，值得你用自己的一生去追寻。当然，所谓的淡泊并不是指无欲无求。众所周知，人生就是由一个个欲望组成的，合理的欲望是人生的原动力。所以，淡泊指的是正确地取舍，属于我的，当仁不让，不属于我的，千金难动其心，这才是真正的淡泊。

生命的过程不可能重新来过，因此，我们必须珍惜这仅有一次的生

命。面对名利，我们必须要学会自控，充实自己的内心，坚守自己的心灵，以清醒理智的态度步履从容地走过人生的岁月。只有这样，我们的生活才会更加轻松自在，我们的人生才会丰富多彩，豁然开朗!

不贪的人，才不会迷失自己

我们都知道，人的精力是有限的，我们只有懂得舍弃，做最适合自己的事，才能身轻如燕地前行。其实，我们在生活中，经常会面临很多选择，而有选择，自然就会有放弃。因为鱼与熊掌不可兼得，那么，哪个会被你忍痛割爱？人生旅途中，经常会遇到三岔路口，何去何从？

对此，我们始终要记住的一点是，这个世界的每一个角落里，都长满了诱惑。各种各样的诱惑像空气一样，无所不在，无孔不入。我们只有始终告诫自己别贪婪，才能找到自己的位置，才不会迷失自己。

一只正在偷食的老鼠被猫逮住。老鼠哀求：“请放过我吧，我会送给你一条大肥鱼。”猫说：“不行。”老鼠继续说：“我会送给你五条大肥鱼。”猫还是不答应。老鼠仍不死心：“你放了我，以后我每天送给你一条大肥鱼。逢年过节，我还会拜访你。”

猫眯起眼睛，不语。

老鼠认为有门儿了，又不失时机地说：“你平常很少吃到鱼，只要肯放我一马，以后就可以天天吃鱼。这件事情只有天知地知，你知我知，其他人都不知道，何乐而不为呢？”

猫依然不语，心里却在犹豫：老鼠的主意的确不错，放了它，我能天天吃到鱼。但放了它，它肯定还会偷主人的东西，胆子越来越大。我再次抓住它，怎么办？放还是不放？如果放，它就会继续为非作歹，主人会迁怒于我，把我撵出家门。那时，别说吃到鱼，就连一日三餐都没了着落。如果不放，老鼠或其同伙就会向主人告发这次交易，主人照样会将我扫地出门。如果睁只眼闭只眼，主人会认为我不尽职守，同样会将我驱逐出去。一天一条鱼固然不错，但弄不好会丢掉一日三餐，这样的交易不划算。

想到这些，猫突然睁大眼睛，伸出利爪，猛扑上去，将老鼠吃掉了。

猫是聪明的，它的选择也是正确的。面对老鼠的许诺，它最终还是选择了一日三餐。一日三餐便是它的底线。猫当然希望一日一鱼，但连起码的一日三餐都保不住的话，一日一鱼便成了水中月、镜中花。

的确，很多时候，我们遇到的选项都是非常具有诱惑力的，但却不能同时拥有。在选择时，我们往往会斤斤计较，患得患失，优柔寡断。由于在选择中停留太久，什么都想得到，最终却什么都没得到。生活的辩证法就是如此。我们知道，有得就有失，有失也有得，得与失是矛盾的统一体。在鱼和熊掌不可兼得时，你必须有取有舍。取就必须舍，舍了才能取。例如，要成功就必须放弃享乐；选择家庭的同时就得放弃单身生活的很多自由空间；选择内心平静的同时就得放弃对权力和金钱的角逐。

人的一生中，总要面对各种选择。很多时候，还必须对遇到的多种可能做出单项选择。例如：未婚时遇到了两个以上令自己心动的异性；有了幸福家庭后却又发现了让自己更为心仪的目标；毕业生选择就业时遇到两份同样待遇丰厚、前景良好的工作；购物时，琳琅满目的商品哪样都令人爱不释手，等等。当遇到多个选项、鱼和熊掌又不可兼得的时候，你有能力和魄力做出明智正确的抉择吗？

选择是一门看似简单却十分有讲究的艺术。人的一生，就是一个不断进行选择的过程。选择的正误和效率，是一个人价值取向、思想水平、道德意识和判断能力的综合反映。

一些看似无谓的选择其实是奠定我们一生重大抉择的基础，古人云：“不积跬步，无以至千里；不积小流，无以成江海”，无论多么远大的理想，伟大的事业，都必须从小处做起，从平凡处做起，所以对于看似琐碎的选择，也要慎重对待，考虑选择的结果是否有益于自己树立的远大目标。

在面临选择时，我们必须清醒地知道，我们需要什么，哪些才是对自己最重要的，哪些才是最适合自己的。

山神指引两个穷人到了一个巨大无比的宝库中。进门前，山神叮嘱他们，宝库开启的时间很短，拿到想要的财宝就赶快出来。其中一人进去后，拿了两块黄金就出来了。可另外一人看到里面耀眼的财宝，什么都想要，不知道该拿什么好，正犹豫间，宝库的大门紧紧的关闭了。

可见，有些选项看似诱人，但如果不适合自己，那就要果断舍弃。做出什么样的选择，要视自身条件和具体情况而定，要有主见，不能人云亦云。

有时候，我们选择的似乎只是如何处理问题的方式方法，但实际却也是在对自己的人品、人格做出选择。选择必须考虑到社会效益，不能因一时之快或蝇头小利而失去做人的道德、良心和他人的信任。

总之，人生的大多数时候，无论我们怎样审慎的选择，终归都不会是尽善尽美，总会留有缺憾。但缺憾本身也是一种美。我们不妨想想，就连权倾天下的统治者都无法拥有天下所有的最美，何况是常人。既然做了选择就不要再后悔。只要是最适合自己的，就是明智、理性和智慧的选择。

放下过多的欲望，才会懂得快乐的真谛

在短短的人生旅途中，人人都有所求，但没有人能够拥有世间的一切。人们所求各不相同，但万涓细流，终将汇聚成海，归根结蒂，他们所求的乃是快乐。世上没有比快乐更可贵更难得更为人们所普遍追求的东西了。但现实生活中，人们似乎总是颠倒了欲望与快乐在生命中的比重，一个人，只有真正放下过多的欲望，才会懂得快乐的真谛。

有一个学者出门寻找世界上最快乐的人，他走了很远的路，问了沿途碰到的所有人，他们都说自己不快乐。

有一天，学者终于来到皇帝的宫殿，皇帝坐在用黄金做成的椅子上，他身后是一座藏有数不尽金银财宝的巨大宝库。学者问皇帝："你一定是世界上最快乐的人了！"皇帝愁眉苦脸的对学者说："怎么会呢？我每天要考虑所有国家大事，外敌正在入侵我的领土，我怕我的大臣起来谋反，我怕小偷偷走我的珠宝，我怕生病，我怕死亡……哎！我是世界上最不快乐的人！"

学者垂头丧气的从皇宫里走出来，顺着原路往家赶。经过一片荒野时，发现前边有人坐在一堆火旁边，一边唱歌，一边烤着什么东西，他走过去一看是一个乞丐，他奇怪地问道："看样子你一定很快乐了！？"乞丐答："我捡到了半根香肠，晚上不用挨饿了！我现在是世界上最快乐的人！"

大千世界，芸芸众生，各人有各人的活法，各人有各人的快乐，对快乐的理解也大相径庭。不同的人，对快乐的追求与体验是完全不同的：孩子们的快乐是小小的，由一串串小小细节所组成：小游戏、小零食、小礼物、小鼓励；恋人们的快乐在于浪漫的约会、甜蜜的语言、出

则牵手同行，入则相拥相亲；中年人的快乐是儿成女就，事业有成；老年人的快乐则是宁静、安详、平和……但所有的快乐都是建立在对先有生活的满足上的，一个已经陷入欲望的沟壑的人是永远不懂快乐的。

大部分人认为，一个人是否快乐，应该是与其所拥有的财产多少、地位高低成正比的，那些地位显赫、家财万贯的人必定是幸福的。其实不然，我们看那些历代皇孙贵胄，谁不是锦衣玉食、万人朝拜，但又有谁是真的快乐呢？他们得时时为了皇权的争夺而苦心积虑，深恐遭到别人的暗算而担惊受怕，怕也难能真正快乐过。就像上面故事中的皇帝一样，就算拥有再多的东西，也没有快乐可言？

生命只有一次，而且时间是有限的，人生在世只有短短的几十年而已。所以，每个人都应该珍惜自己的生命，在有限的时间里不要让自己太疲惫，要让自己过得快乐一点。人活一世为了什么？就是为了快乐，快乐是人生最大的财富。

李先生大学毕业后，经过一番奋斗，已经有了自己的事业，日进斗金，腰缠万贯。但他无论如何也快活不起来，前思后想，才明白是生活中缺少了一份真情，金钱的拥有和生活的快乐无因果关系。路遥深有体会地讲：“精神富有和物质富有是两回事”。一个人只要心地平和，就可以活得快乐；一个人积极向上，虽苦犹甜。偷机作懒，身子清闲未必真快乐。

的确，人类最大的悲哀莫过于拿自己有限的生命去追逐无限的欲望，这个世界上有太多美好的事物，我们每个人都不可能得到所有，所以一定要学会知足。只有知足，才能长乐。一个人若是被欲望所左右，就会变得可怕，或许他们的物质条件会越来越好，但是却在永无止境的追求当中迷失了许多宝贵的东西，从来没有享受过真正的快乐，绚丽的外表下藏着一颗空虚的心灵，而且他的一生注定要被痛苦纠缠。

而人之所以不快乐，就是不知足。实际上，人类自身的需求是很低的，远远低于欲望。房子再怎么大，也只能住一间；衣服再高贵，身上也只能穿一套；汽车再多，也只能开一辆在街上跑。能够认清楚这一点，那么我们就能够活得更加从容一点，更加豁达一点。更重要的是，我们将会有更多的时间和精力，来进行一些精神层次的追求和享受。

其实，应该说，人的幸福指数与其欲望是成反比的，越想得到的多，就越会失去的多。我们自打出生那一刻起，就注定了会得到什么，失去什么，我们会得到父母的爱，但终有一天，父母也会离开我们；我们还会遇到事业上的不顺心、感情上的不如意甚至是朋友的背叛等，但人的精力是有限的，我们不可能什么都抓住，所以不必苛求那些得不到的东西或办不到的事情。过于执着，只会让你失去很多当下的快乐，因此，每个人都要学会“知足”，很多快乐都建筑在这两个字之上，如果你一辈子都在不停地满足自己一个又一个目标，却没有一丝一毫的幸福可言，那这样的人生又有什么意义呢?

生活在这个世界上是很不容易的，而生命却是有限的，所以我们要把有限的生命投入到无限的快乐生活中去。因此，从现在起，你不妨放下无止境的欲望，学会知足吧；

当你每天为了生计奔波的时候，你应该知足了，因为你还有家人；

当你和你的爱人拌嘴的时候，你应该感到幸福，因为茫茫人海，是缘分让你们走到了一起；

当你对父母的唠叨不胜其烦的时候，你应该感到知足，因为你还有父母的关心；

当你不得不为了早起上班而烦恼的时候，你应该感谢自己，感谢自

己还有一份工作；

当你没有汽车代步而骑自行车的时候，你应该感谢上苍，让你拥有健康。

总之，无论在什么时候，无论在什么地方，我们都要学会知足。假如你没有惊天动地的大事情可以做，那么就做一个小人物，给一个可爱的孩子做父母，给一对老人做孝顺的子女，给你的另一半简单而平凡的人生。

把目光盯在名利上，其害无穷

自古以来，功名利禄就像一个明星一般，有数不清的追随者，可以说，当今世人没有谁能回避得了名利二字！只不过有的人名小，有的人名大；有的人利少，有的人利多。有的人为出大名获大利，追求了一生一世。也许人们觉得，只有获得了名利，才会感觉到快乐，但果真如此吗？答案是否定的，适度地追求名利是可取的，但如果你放任自己对名利的欲望，使之超出理智的话，那么，就常常会迷失自我，甚至葬送生命。

的确，名利是一把双刃剑，关键看我们怎么掌握，掌握好了我们会一路光明，风光无限好。而掌握不好，也可令智昏损人亦损己。因此，没有名利，我们也不可太过焦躁；有了名利应当适度珍惜，如果过分得看重它，往往就会为其所累，以致身疲力竭得不偿失。毕竟人活着不是为了名利，而是为了人生的幸福和快乐。

春秋战国时期，越王勾践经过20年的卧薪尝胆后，终于一雪前耻，灭掉了吴国，这是众人皆知的故事，但越王勾践之所以能成功，得归功

于越王的臣子范蠡。范蠡不但是一个忠心耿耿的臣子，还是一个懂得为人处世的智者。

勾践的确是一个可以吃苦耐劳之人，能与之共苦，但不能同甘。范蠡被任命为大将军后，自忖长久在得意之至的君主手下工作是危机的根源。于是他便向勾践表明自己的辞意，勾践并不知道范蠡的真实意图，于是拼命挽留他。但范蠡去意已定，搬到齐国居住，自此与勾践一刀两断，不再往来。

移居齐国后，范蠡不问政事，与儿子共同经商，很快成为富甲一方的大富翁。齐王也看中他的能力，想请他当宰相，但被他婉言谢绝了。他深知“在野而拥有千万财富，在朝而荣任一国宰相，这确实是莫大的荣耀。可是，荣耀太长久了反而会成为祸害的根源”。于是，他将财产分给众人，又悄悄离开了齐国，到了陶地。不久后，他又在陶地经营商业成功，积存了百万财富。

范蠡确实是个聪明的人，能帮助越王勾践重获江山，更难能可贵的是，他更懂得在受功之时全身而退。他之所以这样做，各种原因必定也与其深谙人生幸福真谛有极大的关系吧。

诚然，社会竞争之激烈要求我们做到不断充实自己，否则，将会被社会淘汰，但如果一味地以追名逐利为目的，那么，在不断的追逐中，我们终将会失去自我而成为名利的奴隶。因此，我们需要常常自省，检查自己的行为与思想是否偏离了人生的轨道。

轻看名利淡如水。人生于世，若能学水的清澈本性和“利万物而不争”的品格，则不仅精神居于高处，人生也将进入开阔处。要达到如此境界，最需摆脱名缰利锁的束缚。雁过留声，人过留名，想留个好名声，无可厚非，但不能为名所累。若淡泊名利，不为名利而争，人生必

甚畅意。须知，“家有黄金万两，每日不过三顿；纵有大厦千座，每晚只占一间”。

在名利面前，英雄岳飞仰天长叹：“三十功名尘与土”，把功名视为尘土；唐代大诗人杜牧歌曰：“莫言名与利，名利是身仇”，都可谓淡然与洒脱。

古人云，“天下熙熙，皆为利来，天下攘攘，皆为利往。”司马迁也说：“君子疾没世而名不称焉，名利本为浮世重，古今能有几人抛？”由此可知，淡泊名利甚难，笑看人生亦难，说起轻松做起难，就连儒家大师朱熹也感叹到：“世上无如人陷欲，几人到此无误平生。”没有一定的身心修养和良好的心理素质，就不要去想淡泊名利、笑看人生的做人哲理了。众多的学问家都是淡泊名利的佼佼者。他们对个人的名利常常采取漠然冷淡和不屑一顾的态度，而把主要精力放在对理想、事业的追求上。

而相反，把目光盯在名利上，其害无穷。名利不至，烦恼倍生。名利如同大山压于心头，再无继续前进的勇气；名利已取，烦恼不减，还有更大的诱惑刺激，永远不会有满足的时候。恼恨如海之大潮，一浪高过一浪，激人肝火，动人心性，以致不知路该怎样走，人该怎样做。为谋名利，甚至会背弃做人的准则。正如古人所说：“利旁有倚刀，贪人还自贼（自害）”。

我们常常为一日三餐疲于奔命，也常常为薪酬待遇而斤斤计较，如果我们能静下心来理一下自己迷乱的心灵，你会发现，对于名利，只要你看淡一点，你就会拥有一个好的心境。天雨人悲、月黯神伤的困惑便会离你而去。无论何时，你都会平平淡淡开开心心。淡泊名利了，你会感到人生的美好和生活的温馨！

第 06 章

做情绪的管理者，让好心情带来好人生

人生不如意之事十有八九，面对不满，人们的情绪难免会有所波动，唯一不同的是有的人被情绪控制，有的人能控制情绪。情绪，主要分为积极情绪和消极情绪，尽管没有好坏之分，但若是有效掌控情绪，便能有效掌控人生。

平和惬意，不生气的人有福气

在西方有一句广为流传的名言：“播下一个行为，收获一种习惯；播下一种习惯，收获一种性格；播下一种性格，收获一种命运。”性格是一个人深层次的东西，而一个人的性格往往影响着其命运。我们可以说，性格是左右其命运的重要因素和神秘力量，一个人的性格的好坏将直接影响到其婚姻的美满、事业的顺利和生活的幸福，在生活中，那些好性格的人将会为自己赢来好福气。那么，什么才是好脾气呢？平和惬意，不生气的人自然称得上是好脾气，他们的内心越是祥和，其交际能力就越强，所建立起来的人际关系就越牢固，当然，这样一来，他的事业和生活也就很容易获得成功了。

张太太自认是一个坏脾气的人，她常年在外面工作，这么多年来，她将在外面受的委屈和痛苦、遭遇的不顺和烦恼，一股脑儿地撒给了家人。有时候，母亲做的饭菜不可口，她都要嘟囔抱怨好半天，父亲没能帮她办成事情，她就给父亲黑了几天脸，母亲心疼孩子多给了零花钱，张太太也会毫不留情地大声数落。

即使是面对朝夕相处的老公，张太太也没好脸色。老公拖地不干净，她会瞪大了眼睛斥责；老公应酬晚归了，她会堵在家门口教训他；儿子作业没认真写，她气得将孩子的作业本摔在地上；儿子成绩下降，拿着试卷，王太太就暴跳如雷。这么多年，家里似乎没有安宁的日子，

张太太也疲惫了。

母亲常常对张太太说：“你这孩子，人能干，心地也善良，就是脾气不好。”老公也说：“你这人，一辈子全是脾气害了你！”孩子也多次表示抗议：“妈妈呀，啥时候改改你那坏脾气，我就少流几次眼泪。”

张太太情绪不够平和，总是处处斗气，使得自己的家庭失去了原有的和谐和温馨。就好像案例中所讲述的那样，在生活中，那些性格不好的人更容易与他人发生矛盾，甚至酿成冲突，最终他们所迎来的只能是无比糟糕的生活。在现实生活中，我们经常看见那些性格不好的人因其脾气差而失去了最爱的人，有的人还因为冲动暴躁的脾气走上了不归路，那些心绪不够平和、脾气差的人，他们所面对的总是晦气和灾难，毫无福气可言。

李先生刚刚在家里发了脾气，突然想起来该理发了，于是，他走进了一家理发店，带着阴郁的脸色。李先生一边回想起刚才与老婆的争吵，心中越想越气，这时，理发师捋着他的头发说：“你的头发很软，先生，你一定是好脾气的人。”李先生愣住了，自己怎么能算是好脾气呢？从小自己就是出了名的打架大王，常常因为一点点小事就跟人打架：在部队的时候，出于对战友的嫉妒，将对方的鼻子打出了血；就在三十岁的时候，还差点对一个同事动手了。想想，自己怒发冲冠拔拳相向的事情并不少，怎么会是一个“好脾气”呢？

李先生透过镜子看到那位理发师，笑了，活了大半辈子，才明白，好脾气是应该受到赞美的，应该得到尊重的。于是，理发师建议李先生不要在理平头，而是把头发蓄起来换个发型，李先生想也没想就回答：“好的。”

或许，李先生的头发真的变软了，在他嘴里开始经常出现“好的”，以前，他与老婆的意见永远不可能一致，越吵心情就越不好，心情越不好就越吵，吵架简直成了家常便饭。不知道从哪天开始，李先生不再执拗自己的意见了，老婆说：“今晚炖条鱼来吃。”李先生会笑着回答：“好的。”过一会儿，老婆说：“今晚吃红烧肉。”李先生依然回答：“好的。”再过一会儿，老婆说：“好像这大鱼大肉都没啥好吃的，干脆炒个小菜算了。”李先生回答说：“好的。”可是，快到吃晚饭的时候，还是不见饭菜，老婆说：“今天，我不想做了，干脆到外面吃吧。”李先生依然好脾气地回答：“好的。”好脾气真的能带来好福气，老婆在李先生的好脾气下也自觉收敛了自己的脾气，彼此温和相待，感情日益深厚。

原来，一个人嘴里习惯说“好的”，这也算是一种好脾气，因为其内心比较平和惬意。只有当我们对身边的事情毫无异议，不再挑剔的时候，我们才会说“好的”，这既是对别人的一种赞同，同时，也表示出自己平和的心境。如果在生活中你的性格比较糟糕，不够平和，那么请学会对身边的人说“好的”，这样会给我们迎来好福气。

那些喜欢生气的人，由于其难以相处的性格，总是在不知不觉间树下许多敌人，自然，他的人际关系就会不怎么样，做起事情来就会容易碰壁。所以我们常说，那些有着平和惬意性格、不生气的人才会更有福气。

环境无法改变，那就改变心境

在生活中，无论我们置身多么糟糕的环境，只要我们的心境还算是平静，那所有的情况都不算糟糕的。没有不好的环境，只有不静的心

境。有时候，阻碍我们前进的并不是外在的不好的环境，而是我们内心不安定的心境。虽然，外在的境遇是我们所不能改变的，但心境却是可以改变的。改变了心境，就相当于改变了环境，所谓“境由心生”，我们心境怎么样，环境就会变得怎么样，因为我们可以改变心境，让心境与环境合拍，从而改变不好的环境。一个人若是拥有了不安定的心境，即便他处于多么顺利的环境之中，他也会感到异常苦闷；反之，一个人若是拥有了对生活的热情、乐观的心境，那不管他处于什么样恶劣的环境，他依然可以过得快乐幸福。

一位将军去沙漠参加军事演习，妻子塞尔玛需要随军驻扎在陆军基地里。由于沙漠干燥高热的气候，令塞尔玛感到很难受，而身边又没有可以倾诉的人，陷于孤独的塞尔玛经常给父亲写信，在信中透露出自己想回家的强烈愿望。然而，拆开父亲的回信，只有短短的两行字：“两个人从牢中的铁窗望出去，一个看到泥土，一个却看到了星星。”父亲的回信令塞尔玛十分惭愧，她决定要在沙漠里寻找星星。

从此以后，塞尔玛开始与当地人交朋友，彼此之间互相赠送礼品，闲来无事，她开始研究沙漠里的仙人掌、海螺壳。慢慢地，她迷上了这里，通过亲身的经历，她写了一本书《快乐的城堡》。

沙漠并没有改变，当地的印第安人也没有改变，那到底是什么使塞尔玛的生活发生了巨大的变化呢？心境，当然是心境，以前内心烦闷的塞尔玛看到的只是泥土，当心境发生变化之后，乐观的塞尔玛在沙漠里竟然寻找到了星星。

小娜是报社的一名记者，最近她接到了一份特殊的采访任务。当她拿到被采访者的资料，不禁有些难过，这是一个怎样的女人：丈夫早些年得了重病去世了，欠下了大笔的债务，家里有两个孩子，还有一个带

有残疾，女人只是在一家小型的工厂里当一名女工，微薄的薪水养着整个家，还需要还债。她一下午都坐在家里，想着：她家里不知道是什么样子？女人和孩子都蒙头垢面，满脸悲苦，又黑又潮的小屋里没有一点鲜活的色彩，自己去了，也许只会不断地听到哭诉。

那个周末，小娜满怀同情，按着地址找到个那个女人居住的地方。当她站在门口，有些不敢相信自己的眼睛，她甚至怀疑自己找错了地方，于是又向女主人核实了一遍。确认无误之后，她再开始重新打量这个家：整个屋子干干净净，有用纸做的漂亮门帘，墙上还贴着孩子上学获得的奖状，灶台上只放着油盐两种调味品，但却把罐子擦得干干净净，女人脸上的笑容就像她的房间一样明朗。小娜坐在用报纸垫上的凳子上，热情的女人为她拿来了拖鞋，小娜看见那鞋居然是用旧的解放鞋的鞋底做的，再用旧毛线织出带有美丽图案的鞋帮。

当女人也一起坐下来，小娜不禁有些好奇她是怎么把这个家打理得这样舒适的，女工一边干着活，一边微笑着说："家里的冰箱、洗衣机都是隔壁邻居淘汰下来送给自己的，其实用的也蛮好的；工厂里的老板同事也都给照顾自己，还会让自己把饭菜带回来给孩子吃；孩子们也很懂事，做完了一天的功课还会帮忙干家务活……"

小娜听着听着，眼睛有些湿润了，叹息道："虽然你所面临的环境是糟糕的，但是，你的心境却充满阳光。"这并不是同情，而是一种赞叹，赞叹女人的坚强，更赞叹女人的乐观。

故事中，女工所处的环境是相当糟糕的，如果换了别人，估计早已经活不下去了。但拥有阳光心境的女工却坚持下来，不仅努力地活着，而且还用自己微薄的薪水创造了一个干净而温馨的家，这确实值得我们赞叹。乐观的女工竟然面对如此境遇还能坚强地生活下去，那我们呢？

亚伯拉罕·林肯在一次竞选参议员失败后这样说道：“此路艰辛而泥泞，我一只脚滑了一下，另一只脚也因而站不稳；但我缓口气，告诉自己‘这不过是滑一跤，并不是死去而爬不起来’。”在生活中，一些不好的境遇往往会如期而至，不管我们接受不接受。对于我们自身而言，既然那些不好的环境是无法改变的，为什么不尝试着改变自己的心境呢？

1.心境好，一切都好

当你的心境变得阳光，你所看见的一切都是美好的，你就不会再抱怨环境是多么糟糕的，似乎它比你想象中还要好得多。没有不好的环境，只有不静的心境，当你的心境变得平静，自然就不会为那些不好的环境而斗气了。

2.乐观面对，环境并没有那么糟糕

在这个世界上，根本没有不好的环境，有的只是苦闷的心境。当你感到苦闷或烦躁的时候，不妨想想，你所认为的不好环境是否在于自己拥有了一份糟糕的心境呢？如果答案是肯定的，那就尝试着改变心境，放弃苦闷的心境。以乐观的心境面对，你会发现，之前所认为的不好环境并没有想象中那么糟糕。

好心情可以带来好的工作成效

在我们生活中，我们经常有这样的感触：每当我们遇到了什么开心的事、心情好的时候，就充满了工作的热情，而当心情不好的时候，就提不起做事的劲头。为此，我们常“快乐时做事效率最高”。因此，高效的时间管理者建议我们，当你心情不好的时候，你应该学会自我调节，不管在工作上遇到了什么问题，都要多角度思考，力争把坏事想成好事。这样，你才能始终保持愉快的心情投入到工作之中。

周晓敏五年前就在这家策划公司工作了，可以说是一名资深员工，她能力出众、待人温和，几乎所有的同事和领导都喜欢她，这不，在最近的人事变动中，领导决定让她担任策划总监，从一名策划升到策划总监，这确实是值得庆贺的事情。这不，这天中午，她的同事兼好友王璨把她约到咖啡厅，想当面道喜。

“恭喜你啊，周总监。”王粲故意改变以往说话的口吻，她确实为好姐妹开心。

“有什么开心的，愁死我了。”周晓敏叹了口气。

“升职了，应该高兴了，别人盼还盼不来的呢，有什么可愁的？”王粲就纳闷儿了。

“说实话，我根本都不想升职，不想加薪，就像现在这样当个策划，我都觉得压力大，有做不完的事情，要是再当个总监，我还要做更多的事，承受更大的压力，我恐怕一点自己的空间都没了，再说，万一做不好呢，原本公司就有个跟我实力相当的人一直觊觎这个职位，我应付不来这个工作的话，他们更有理由找茬了。另外，我本来就是个不喜欢与人争抢的人，我也应付不了每天对下属们指点来指点去的工作，一旦成了总监，我想大概每天也都有人在议论我，就连我穿了什么衣服、剪什么发型，估计都成为大家的谈资，被人始终盯着的滋味实在不好受。”

听完周晓敏的话，王粲点了点头，确实是这么个道理，然后她接着问：“那你准备怎么做？任职命令可是已经下达了的呀？”

“能怎么办？躲着呗！能拖就拖，接下来几天我都不会来公司，请几天假，就说自己不舒服，公司这几天正是缺人手工作的时候，我关键时刻给他掉链子，高层肯定觉得我不能担当大任，自然会找人代替我。”

周晓敏的一番话让王粲沉思半天，的确，人们都只是看到别人身前的荣耀，却没有看到他们身后的牺牲和压力，不过，因为害怕成功所以讨厌，真的正确吗？

对于王粲的疑问，我们可以给出答案，当然不正确！一个人对自己缺乏自信、害怕成功，那么，只会导致他们停滞不前，只会把自己禁锢在牢笼中。其实，很多时候，你所恐惧的成功后的事情并不一定会发生，即便发生，也远没有你想象的可怕。不过，我们可以从这个案例中得出一点：在负面的、消极的情绪下，人会缺乏工作动力，工作成效也会下降。

而实际上，情绪的好坏对我们做事效能的影响是通过时间来起作用的，在同样是被客户拒绝的情况下，不同的人会产生不同的心态，比如A会说：“加油，你很忙，被拒绝说明我还有很多路要走，要不断锻炼自己，改进我的不足，这样客户就会更容易接受我和我的产品了！”而B反应则是：“唉，为什么我就这么差劲？我为什么总是这么倒霉？为什么客户总是要拒绝我？我怎样才能让客户不再拒绝我？”

接下来，这两种不同的态度导致了A、B两人完全不同的工作态度：A会在业余时间把精力放到学习和为自己充电上，而相反，B则不断自我怀疑、自我否定。我们看到，A的时间都用在了通往成功的路途上，而B的时间则用在了情绪消化上。

因此，从这一点上，我们可以说，时间管理的关键就是情绪管理。

情绪决定了我们关注的焦点在哪里，焦点决定了我们的时间用在哪里，是否将有利于我们快速达成目标。很多表面看来属于时间管理的问题，实际上都是我们自身情绪管理能力的问题。

然而，现代社会，人们为了生活，四处奔波，工作和生活的压力常常使得我们喘不过气来。人们急切地希望寻找到一种能帮助自己清理情绪垃圾的方法。以下是几条建议：

1.主动工作，获得快乐

积极主动地工作，才能感受到其中的乐趣，才能对工作越发有兴趣。有了兴趣，效率就会在不知不觉中得到提高，工作效率提高，成绩也就相应提高了，自我价值得到认同后，又会激发我们以快乐的心情工作。

2.积极暗示自己

生活是千变万化的，悲欢离合，生老病死，天灾人祸，都在所难免。一次被拒绝的失望、一场伙伴的误会、一句过激的话语，都会影响我们的心情，生活中的不顺心事总是很多，这就需要我们每个人要学会调节自己的心态。怎样调节呢？最简单有效的做法——用积极的暗示替代消极的暗示。当你想说“我完了”的时候，要马上替换成“不，我还有希望”；当你想说“我不能原谅他”的时候，要很快替换成“原谅他吧，我也有错呀”等。平时要养成积极暗示的习惯。

3.自我激励，告诉自己“总会有别的办法可以办到”

这是用理智控制不良情绪的又一良好方法。恰当运用自我激励，可以给人精神动力。当一个人在困难面前或身处逆境时，自我激励能使你从困难和逆境造成的不良情绪中振作起来。

4.转换思维

这也是消除不良情绪的有效方法。所谓转换思维，是让我们走出思

维死胡同的一个好方法，要求我们从另外一个角度看问题。这样就有利于消除和防止不良情绪。

比如，上司总是安排你和一个能力差的同事一起共事，大部分的工作都是由你来完成的，你可能会为此愤慨，但最终获得更多工作经验的人何尝又不是你呢？

总之，我们都知道，快乐的心情可以成为事业和生活的动力，而恶劣的情绪则会影响身心的健康，更会打乱我们的时间规划。现实的工作和生活中，无论我们干什么，都应该学会管理自己的情绪，保持好精神，拥有好心情，才是至关重要的。

学会转化情绪，始终保持好心情

哲人说："人生就像一朵鲜花，有时开，有时败，有时候面带微笑，有时候却低头不语。"其实，人生就是这样，无论我们处于什么样的境地，只要学会看情绪晴雨表，学会调节出好心情，你会发现，人生远没有想象中的糟糕，而我们所遭遇的那些根本不算什么。人生，注定就是一条充满曲折、困难的路，或许，烦恼无所不在，但是，面对这样一些事情，我们能够尝试着打开心灵的另一扇窗户，以一种积极、乐观的心态去面对，你会发现，所谓的烦恼根本不存在。人生依然无限美好，问题的出现并没有改变我们的好心情。

曾经听过这样一个故事：

有个老太太有两个儿子，一个卖伞，一个刷墙。于是，老太太天天提心吊胆，闷闷不乐，因为晴天的时候，她担心儿子的伞卖不出去，下雨的时候，她又开始发愁另外一个儿子没法刷墙。后来，一位智者告诉他：“试着换个心情，你想想，下雨的时候伞卖得最多，那卖伞的儿子生意不正好吗，心情就好了；天晴的时候刷墙正好，刷墙的儿子生意也兴旺，心情自然也就好了。这样一来，无论是晴天，还是雨天，对于你来说，心情都没有改变。所以，什么时候都不会错的，你所应该选择的是一份快乐的心情。”老太太听了，笑逐颜开，再也不用担心了。

每个人的心中都有一份情绪晴雨表，只是，我们常常习惯于看见阴郁的雨天，而忘记了晴朗的那方天空，于是，我们的情绪也变得阴郁起来，不由自主地以悲观、消极的心态来面对生活。如此一来，那些本来看起来十分细小的事情，也会让我们火气大发，阴郁的心情也就会蔓延开了，逐渐影响我们身边的人。心情，与生活一样，我们是可以选择的，即使事情变得十分糟糕，我们也依然选择以快乐的心情面对。这样，我们既能看清楚事情的真实情况，而且，积极乐观的心态可助我们更好地解决问题。

有一天，陆军部长斯坦顿来到林肯办公室，气呼呼地对林肯说：“一位少将用侮辱的话指责你偏袒一些人。”比较内向的林肯笑着建议：“你可以写一封内容尖刻的信回敬那个家伙。可以狠狠地骂他一顿。”斯坦顿立即写了一封措辞强烈的信，然后交给总统看，林肯高声叫好：“对了，对了，要的就是这个，好好训他一顿，写得真绝了，斯坦顿。”

但是，当斯坦顿把信叠好装进信封的时候，林肯却叫住他，问道：“你干什么？”斯坦顿有点摸不着头脑了，说道：“寄出去呀。”林肯大声说：“不要胡闹，这封信不能发，快把它扔到炉子里去，凡是生气时写的信，我都是这么处理的，这封信写得很好，写的时候你已经解了

气了，现在感觉好多了吧，那么就请你把它烧掉，再写第二封信吧。”

约翰·米尔顿说：“一个人如果能够控制自己的激情、欲望和恐惧，那他就胜过了国王。”有时候，情绪不仅是心灵健康的庇护神，而且，它对我们决胜的关键时刻也异常重要。在现实生活中，面对不同的环境，不同的对手，有时候，人采用何种手段并不重要，而控制好自己的情绪才是至关重要。每个人都有自己的情绪，而情绪是一种抓不住的东西，在很多时候，它令我们捉摸不定。但是，不管情绪如何难以琢磨，我们都应该努力控制好它，保持平静的状态，以此保持心灵健康。

杯子里有半杯酒，一个酒鬼来了，看见就摇了摇头，十分沮丧：“唉，只有半杯酒。”一会儿，又来了一个酒鬼，看到半杯酒兴奋地说：“太好了，还有半杯酒。”杯子里同样是半杯酒，但是，因为心境不同，心情自然大有不同。

1.控制好自己的情绪

情绪是指人们对环境中某个客观事物的特殊感触所持有的身心体验，是一种对人生成功活动具有显著影响的非智力潜能因素。对此，美国密歇根大学心理学家南迪·内森通过一项研究发现：一般人的一生平均有3/10的时间处于情绪不佳的状态，而其中大部分为内向者。所以他们常常需要与那些消极的情绪做斗争。一般情况下，人们容易受情绪的牵制，他们有或大或小的心理障碍，而这将会影响其心灵健康。所以，要想心灵健康，人们应该努力突破心理障碍，控制好自己的情绪，这样才有可能成为成功者。

2.善于选择好心情，而不是坏心情

有人这样抱怨：“这天老是下雨，还要不要人活啊，今天出门的计划又泡汤了。”而在街头的另一处风景中，一位少女正撑着雨伞散步，

小脚丫在雨水中快乐地奔跑。我们发现，“下雨”这个事实并没有改变，少女所改变的不过是自己的心情，像天气预报一样，情绪也有晴雨表，要想自己拥有一个好心情，我们要善于选择“晴朗的天气”，而不是沮丧的“雨天”。

快乐其实并不难，只要不自寻烦恼

有人说，世界上最难得到，和最容易得到的东西，都是快乐。快乐不需要理由，不快乐却有无数借口。快乐是一种能力，也是一种智慧。快乐的人最聪明。然而，生活中，我们每个人都会遇到一些烦恼，我们常常被这些烦恼困扰着，而事实上，这些烦恼都是我们自找的。一个浮躁的人才乐于给自己找麻烦，你可以追寻美好的生活，可以追寻甜蜜的爱情，但你绝不可以自寻烦恼。

可以说，一个高情商的人总是能淡化烦恼、寻找快乐，他们豪爽，爱交际，朋友多；他们兴趣广泛，不会无所事事；他们爱运动，因为运动是快乐的添加剂，会直接带给人快乐；他们生性乐观豁达，积极进取，却知足常乐；他们抗挫折能力强，他们总认为困难是暂时的，相信乌云遮不住太阳……

每个人都有七情六欲和喜怒哀乐，同样，人也有烦恼，这是避免不了的。但不同的人对待烦恼的态度却是不同的。比如，积极乐观者，一般很少自找烦恼，而且善于淡化烦恼，善于从烦恼中发现快乐之事，而悲观失望者却总是喜欢无病呻吟，一旦有了烦恼，忧愁万千，牵肠挂肚，离不开，扔不掉，活得有些窝囊。

可见，大多时候，人的烦恼都是自找的，有些问题其实根本不是烦恼。举个很简单的例子，你已经是一名主管，管理着很大一批人，但你却一直想要得到经理的职位，但你没料到的是，这一职位却被一名资历不如自己的人拿到了，你心里很不痛快，但你忽视的是，主管的职位已经是很多人羡慕的了，再说位高烦恼多，经理也有经理的烦恼，而且经理的烦恼未必少。还有的人为钱而烦恼，有了一万想两万，有了两万想三万……还是烦恼，但你除了想过钱多有钱多的得意，有没有想过钱多有钱多的烦恼？钱少的或许没有钱多的那么神气，但钱少的也没有钱多的那么多担忧，平民小户没有大富人家对盗贼绑架的担心，恐怕也少有为争夺家产使兄弟反目，甚至相残的悲哀。

当我们在为种种苦恼之事感到失落甚至掉泪时，其实快乐就在身边朝我们微笑。做一个快乐的人其实并不难，拥有一个幸福的人生也很简单，只要我们不自找烦恼。

从前，佛祖遇到了一个不喜欢他的人，这个人连续几天都跟着佛祖，并用各种方法辱骂佛祖，但奇怪的是，佛祖似乎没听到这些似的，从不跟他计较。别人很纳闷，问佛祖是怎么做到的。

佛祖反问道："若有人送你一份礼物，但你拒绝接受，那么这份礼物属于谁的？"

那个人答："属于原本送礼的那个人。"

佛祖微笑着说："没错。若我不接受你的谩骂，那你就是在骂你自己。"

那个人恍然大悟，摸摸鼻子走了。

这里，佛祖要告诉我们的是，只要你对别人给你的烦恼采取不理不睬、不接受的态度，那么无论别人如何谩骂你、如何对待你，都影响不了你的快乐，夺不走你的高兴。也就是说，生气其实就是拿别人的错误来惩罚你自己，真正的受害者也是你自己。因此，不要扰乱了自己的心，烦恼往往都是自找的。只要你不接受“烦恼”这份礼物，任何人都破坏不了你的好心情。

美国心理治疗专家比尔·利特尔经过研究认为：一个人若有以下心理或做法，必定会促使其自寻烦恼、无事生非：

1.总把问题的症结放到自己身上

你是不是认为不喜欢你是因为你的原因？你是不是认为同事被上级领导批评也是因为你的原因？把消极原因都归结于自己，那么要不了多久，你就会烦恼成疾。

2.自影自怜，认为自己是殉难者

比如，你可能经常会听到一个家庭中的主妇们会这样抱怨：“没有一个人真正心疼我，对我们家来说，我不过是个仆人而已。”而男人们也会抱怨：“我的骨架都累散了，谁也不把我当回事，大家都在利用我。”要知道，经常这样想，必定会使你烦恼异常，而且还能使周围的人感到讨厌，令你的感觉变得更糟。

3.只做白日梦

最可怜、可悲的人莫过于那些总是做白日梦的人，如果你不重新调整你的目标，那么，那些无法实现的目标同样让你烦恼不断。

4.制造隔阂

你不懂得怎么“讨好”别人，你从未赞美过他人，总是挑刺儿、埋怨、好与人争论，这是制造隔阂、自寻烦恼的妙法。

5.只看到消极面

不要总是把眼光放在你曾经受到的多少次冷遇上，也不要总是计算

自己吃了多少次亏，如果你这样做，你就会运用这种消极的思想方法来给自己制造烦恼。

6.总是拖延问题

问题一旦出现，你就要解决，因为此时问题很容易被解决，而如果你采取拖延的方法，那么，问题只能像滚雪球一样越滚越大，最后一发不可收拾，所以不要认为“如果错过了解决问题的时机，索性再往后拖拖。”这样，只会使问题变得更糟，必定会导致你的忿怒和苦恼埋在心底几个月甚至几年。

可见，做一个快乐的人其实并不难，拥有一个幸福的人生也很简单，只要我们摒弃以上心理或做法。要知道，世界上没有一个人因烦恼而获得过好处，也没有一个人因烦恼而改善过自己的境遇，但烦恼却在随时随地损害着我们的健康，消耗着我们的精力，扰乱着我们的思想，减少着我们的工作效能，降低着我们的生活质量。

能控制好情绪的人都更容易成功

智者说：“在成功的路上，最大敌人其实并不是缺少机会，或是资历浅薄，成功的最大敌人是缺乏对自己情绪的控制。”弱者任思绪控制行为，强者让行为控制思绪。在困难面前，许多人容易心浮气躁，进行了多次挑战都无法战胜困难，他们就会变得气急败坏，在他们心灵深处，有一种力量使他们感到茫然不安，让他们无法冷静地思考，这种力量就是愤怒、生气。生气不仅仅是成功最大的阻碍，而且还是各种心理疾病的根源，并不断地影响我们的日常生活和工作。

一个人在愤怒的那一瞬间，智商是零，过一阵子才会恢复正常，而这将对我们的正常思维造成恶劣的影响，没有办法冷静下来，以至于无法思考出解决问题的有效方法。在任何时候，一个人都需要冷静，尤其是在困难面前，冷静使人清醒，它能够使人有条不紊、沉着地应对所发生的一切。所以，面对困难，不要气急败坏，只有冷静才能让我们转败为胜。

有一天，陆军部长斯坦顿来到林肯办公室，气呼呼地对林肯说：“一位少将用侮辱的话指责你偏袒一些人。”林肯笑着建议：“你可以写一封内容尖刻的信回敬那个家伙。可以狠狠地骂他一顿。”斯坦顿立即写了一封措辞强烈的信，然后交给总统看，林肯高声叫好：“对了，对了，要的就是这个，好好训他一顿，写得真绝了，斯坦顿。”

但是，当斯坦顿把信叠好装进信封的时候，林肯却叫住他，问道：“你干什么？”斯坦顿有点摸不着头脑了，说道：“寄出去呀。”林肯大声说：“不要胡闹，这封信不能发，快把它扔到炉子里去，凡是生气时写的信，我都是这么处理的，这封信写得很好，写的时候你已经解了气了，现在已经冷静下来了吧，那么就请你把它烧掉，再写第二封信吧。”

有人说：“一个能控制住不良情绪的人，比一个能拿下一座城池的人还要强大。”情绪不仅仅是心灵健康的庇护神，而且，它常常是我们决胜的关键，因为在关键时刻，我们需要保持冷静，以最平和的情绪来面对一切。面对强劲的对手，有时候，我们采用何种手段并不重要，至关重要的是如何控制好自己的情绪，保持冷静。一个人，若是能够控制好情绪，保持冷静，就可以化阻力为助力，化险为夷；相反，若是不能掌控好情绪，容易被激怒，就有可能陷入危险的境地。

有一个小男孩，他在10岁遭遇了一次车祸，不幸的是，他在这次车祸中失去了自己的左臂。这巨大的不幸让男孩几乎连生活自理都成为了问题，但是，他却有一个小小的心愿，那就是学习柔道。几经辗转，男孩有幸拜在了一位日本柔道大师的门下，开始学习柔道，他格外珍惜这个学习的机会，每天勤学苦练。可是，令男孩感到不解的是，自己学了三个月了，师傅却只教了一招。有一天，男孩终于忍不住问大师："我是否应该再学学其他招数？"大师却摇摇头回答说："不错，你只学会了一招，但是，你只需要学会这一招就足够了。"

几个月后，师傅带着小男孩去参加比赛，比赛开始之前，师傅只是嘱咐："冷静，一定要冷静！"就连小男孩自己都没有想到，只凭着那仅有的一个招数，他就轻松地进入了决赛。最后一场决赛开始了，对手比小男孩高大、强壮，似乎比自己更有经验，一看这架势，小男孩就心虚了。比赛一开始，小男孩就有点招架不住，这时，师傅那句话响了起来："冷静，一定要冷静！"小男孩长长呼出一口气，慢慢等待，后来，对手逐渐放松了戒备，这时，小男孩立即使出了自己的绝招，制服了对手，赢得了冠军。

回家的路上，小男孩满腹疑虑："师傅，我怎么凭一招就能赢得冠军呢？"师傅缓缓回答道："有两个原因，第一，你基本掌握了柔道中最难的一招；第二，对付这一招唯一的办法就是抓住你的左臂，可是，你没有左臂。孩子，有的时候，人的劣势并不是什么坏事，凡事只要你冷静应对，便可以转败为胜。"

在挫折与困难面前，跌倒了，爬起来，这是一种勇气，但是，对于成功来说，勇气并不是最关键的因素，因为成功所需要的是比勇气更珍贵的那份冷静。失败了，我们所需要做的不仅仅是重新站起来，更关键是学会梳理自己的情绪，冷静地分析、总结失败的原因，这样我们才能避免摔更大的跟头。一个人在面对困难的时候，总是心浮气躁，气急败坏，那么，这个人终会失去自我。在任何事情面前，我们都应该拥有冷静的头脑，因为只有冷静，才有可能使我们转败为胜。

在法庭上，律师拿出了一封信向洛克菲勒问道："先生，你收到我寄给你的信了吗？你回信了吗？"洛克菲勒冷静地回答："收到了，没有回信。"这时，律师又拿出了二十几封信，逐一向洛克菲勒询问，而洛克菲勒都以同样冷静的表情、相同的语调给予了回答："收到了，没有回信。"终于，律师控制不住自己的情绪了，他开始暴跳如雷不断咒骂，最后的结果出乎人们的意料，法庭宣布洛克菲勒胜诉，因为律师因情绪失控而让自己乱了章法。

从洛克菲勒的例子中，我们可以看出，冷静对于一个人成功的重要性。有人甚至这样总结法庭上的律师：令你的对手发怒，失去冷静，那么，你就已经开始转败为胜了。当然，同样的条件下，自己则需要保持冷静的头脑。

第 07 章

做习惯的管理者，让一个个小优点成就美好的自己

奥斯特洛夫斯基说：“人应该支配习惯，而决不能让习惯支配人，一个人不能去掉他的坏习惯，那简直一文不值。”一个好习惯，不管其大小，带来的影响将是巨大的，有益于他一生的。做习惯的管理者，让一个个小优点成就美好的自己。

人要学会反省，才能不断成长

人生就如在大海之中航行，面对无边无际的海洋，我们最应该做的就是把握航向。一旦偏离了航向，我们的前进就失去了意义。在每一天的生活和工作中，我们同样应该有明确的目标。为了让我们的努力不白费，我们应该经常反省自己。唯有反省，才能让我们以最快的速度积累经验，成长起来。

关于自省，孔子在《论语》中就曾提出来："吾日三省吾身。"这句话的意思就是，我们每天都应该反省自己的所言所行。常言道，失败是成功之母。即使我们经历再多的失败，如果没有反省和总结经验的过程，这些失败就无法成为我们进步的阶梯。再如，我们每天都要和形形色色的人打交道，一天之中，我们学到了哪些，又有哪些不足。只有认真地思考这些问题，我们才会在太阳再次升起的一天中改进自己，使自己迅速进步。可以说，反省，是我们成长的阶梯。如果不曾反省，就好像一个人，始终在原地踏步，这里碰壁，那里碰壁，最终还是没有取得任何突破。

不仅中国的孔圣人早就提出了反省的重要性，就连国外，也有很多名人再三警诫世人，一定要常常反省。法国牧师纳德·兰塞姆去世后，被安葬在圣保罗大教堂。在他的墓碑上，有着一句颇有深意的话，这是他亲手写的："假如时光能够倒流，世界上将有一半的人成为伟人。"

一位贤者在解读兰塞姆的这句话时，说：“假如每个人都能提前几十年反省自己，至少有一半的人都将变得伟大。”这就是反省的巨大力量。生活中，每个人都在重复着犯错的过程，平庸的人犯错之后，往往不假思索地再次犯错。伟大的人之所以伟大，是因为他们在自己犯下些许错误之后，马上能够反省自身，找到原因，及时改进。

最近，罗兰的进步堪称神速。原来，她的成绩在班级里始终处于中等排名，对此，她妈妈忧心忡忡，因为再有半年就要高考啦。看到妈妈担心的样子，罗兰暗暗下定决心，一定要考上名牌大学，让妈妈笑逐颜开。

半年之后，罗兰的成绩一跃进入班级前十名。老师和同学们都觉得很纳闷，罗兰妈妈虽然高兴，但是也很纳闷。每当别人问罗兰为何进步如此神速时，罗兰总是笑眯眯地说：“再不努力就晚喽！”又经过半年的努力，罗兰顺利考入北京师范大学，全家人都高兴得像中了彩票一样。在庆功宴上，弟弟妹妹们开始向罗兰取经，罗兰不好意思地说：“其实，方法很简单，我都不好意思说。说了以后，你们就觉得姐姐平淡无奇啦！”

弟弟妹妹们不依不饶，继续追问，罗兰只得告诉他们：“方法就是每天总结。”说完，罗兰拿出了自己高三学年的学习日志。在这本日志上，每天，罗兰都会把自己的点点滴滴的进步和不足都写下来，在第二天督促自己弥补前一天没做好的，激励自己把好的地方发扬光大。这本日志密密麻麻地记录着她曾经没有牢固掌握的知识点，当然，这些知识点最迟第二天就会被牢牢记住。弟弟看了之后，说：“姐姐，你这是吾日三省吾身啊！”罗兰微微一笑：“其实，真的没什么大不了的吧，只不过效果还不错，所以你们也可以试试。”

“吾日三省吾身”，聪明的罗兰将其用于学习，取得了立竿见影的效果。这件事情做起来虽然很简单，难就难在坚持。其实，这个办法不仅对学习有良好的效果，对于工作以及生活的很多方面，也都有效。

假如我们能在工作中做到每日反省，把自己做得不足的地方写成工作日志，于第二天督促自己改进，那么我们的进步一定会非常快速。当然，伟大的人之所以成功，就是因为他们能够坚持每日三省吾身。你想变得更优秀吗？赶快行动起来吧！

凡事靠自己，培养独立的性格

人应该是独立的，我们的成长过程应该是一个逐渐独立与成熟的过程。现代社会，我们生活中有些人，他们对周围的人产生依赖，一旦失去了可以依赖的人，他们会常常不知所措。如果你具有依赖心理而得不到及时纠正，发展下去就有可能形成依赖型人格障碍。

那些有依赖型性格的人，常常有一种无助感，总感到自己懦弱无助、笨拙、缺乏精力。同时还有被遗弃感。他们将自己的需求依附于别人，过分地顺从于别人的意思，一切悉听别人决定，深怕被别人遗弃。当亲密关系终结时，他们则有被毁灭和无助的体验。他们缺乏独立性，不能独立生活，在生活上多需他人为其承担责任，做任何事没有主见，在逆境和灾难中更容易心理扭曲。

其实，人生成功的过程也就是个人克服自身性格缺陷的过程。如果一个人过于依赖他人，那么，这可能影响着你未来的婚姻家庭等生活状况，同时也影响着你的人际交往、职业升迁、事业发展……因此，如果你有依赖性格，就必须从现在起，靠自己的努力克服。

从前，有一对夫妇，到了晚年才得子，高兴异常，所以对这一“老来子”十分疼爱，几乎不让孩子做任何事，这个孩子除了吃喝以外，什么都不会。就这样，很快，这个孩子长大了。

一天，老两口要出远门，担心儿子在家没法照顾自己，就想了一个办法：临行前烙了一张中间带眼儿的大饼，套在儿子的脖子上，告诉他想吃的时候就咬一口。

可是，这个孩子居然只知道吃颈前面的饼，不知道把后面的饼转过来吃。等老两口出门回来时，大饼只吃了不到一半，而儿子竟活活地饿死了。

这个故事告诉生活中所有的人，只有克服依赖心理，才具备生存的能力。“自己动手，丰衣足食”就是这个道理。

我们不难发现，社会上，有一些富家子弟，他们受到了教育的“温室效应”的毒害，教育的“温室效应”主要是指受教育者受到家庭、社会、学校，尤其是家庭方面的过分溺爱，造成他们产生任性固执、追求享受、独立性差、意志薄弱、责任感淡漠等弱点的社会现象。对于他们来说，消除对他人的依赖极为重要。

香港巨富李嘉诚的名字早已家喻户晓，尽管他拥有亿万家财，但对于子女的教育问题，他一直比较重视，并且，他非常注重培养孩子独立生活的能力，他这样做是为了让孩子练就靠自己生存的本事。

李嘉诚有两个儿子，就在他们只有八九岁时，他们就遵循父亲的意思经常参加董事会，并且，他们不能只是旁听，还必须发表意见和见解。这样做的好处在于，他们能看到长辈们是如何处理公司的事务，能锻炼自己处理和分析问题的能力。

后来，他们都考上了美国斯坦福大学。毕业后，他们也曾向向父亲表示想要在他的公司里任职，干一番事业。李嘉诚断然拒绝了他们的请求。

李嘉诚是这样对两个儿子说的：“我的公司不需要你们！还是你们自己去打江山，让实践证明你们是否合格到我的公司来任职。”

于是，他们都去了加拿大，一个搞地产开发，一个去了投资银行。他们凭着从小养成的坚韧不拔的毅力克服了难以想象的困难，把公司和银行办得有声有色，成了加拿大商界出类拔萃的人物。

李嘉诚教育孩子的方法无疑是正确的，父母作为孩子成长的坚实后盾，永远在孩子的身后给予他最多的支持与信任，越早放手的孩子越是父母对他们最大的爱。

从李嘉诚的教育方式中，我们也应该获得启示，凡事靠自己，形成独立的性格，才能真正成长为一个顶天立地的人。如果你是一个有依赖性的人，那么，从现在起，你必须学会自控，学会独立面对各种生活问题，为此，你需要做到以下几点：

1. 要充分认识到依赖心理的危害

这就要求你纠正平时养成的习惯，提高自己的动手能力，不要什么事情都指望别人，遇到问题要做出属于自己的选择和判断，加强自主性和创造性。学会独立地思考问题，要有独立的思考能力。

2. 不要总是指望他人的帮助

不可否认，人生在世，总要或多或少地依靠来自自身以外的各种帮助，比如，父母的养育、师长的教诲、朋友的关爱、社会的鼓励……可以说，人从呱呱坠地的那一刻起，就已开始接受他人给予的种种帮助。然而，许多人却把自己立身于社会的希望完全寄托在父母和朋友的身上。这样的人，显然不可能在生活上自立自强、在事业上有所作为。有句话说：靠吃别人的饭过日子，就会饿一辈子。

3. 明白求人不如求己的道理

面对人生的困境，你要懂得，求人不如求己。总想着依靠他人帮助的人，总想有人能在危难时搀扶你一把，你永远也无法完成任何伟大的事业。只有独立的人，才能傲立于世，才能力拔群雄，才能开拓自己的天地。潜能激励专家魏特利曾说过这样的话："没有人会带你去钓鱼，要学会自立自主。"

4. 坚持自理

我们并不是儿童，对于生活问题，我们应该自己处理。即使你的家人希望为你代劳，你也应该拒绝，大胆地动手尝试，坚持自己动手，才能在潜移默化中培养自理能力。另外，你需要做到坚持到底，凭一时的新鲜做事，不能保持持久，因为自理能力不是一朝一夕就能培养成的，需要对自己进行反复的强化和持之以恒的锻炼。

5. 学会独立应对生活中的一些问题

不管做什么事，总会有一个从不会到会的过程。你可以独立地去面对一些生活中的小问题。

好习惯成就好人生

有人说："好习惯成就好人生！"如果把人生比作金字塔，构成金字塔的恰恰是每件小事及做事的细节，而这就是习惯。老子曾说："天下难事，必做于易；天下大事，必做于细。"它精辟地指出了想成就一番事业，必须从简单的事情做起，从细微之处入手。一心渴望伟大、追求伟大，伟大却了无踪影；甘于平淡，认真做好每个细节，学会积累，伟大却不期而至。这也证明了点滴的细节孕育出了巨大的成功这一道理。也就是说，任何一个渴望成功的人，都必须有重视细节的习惯，从细节着手，关注生活中的每个细节。认真做事只是把事情做对，用心做事才能把事情做好，在这一个细节制胜的时代，任何一件事件都是做出来而不是喊出来的。

20世纪60年代，在美国兴起了众多的零售商店，经过40多年的争斗搏杀，沃尔玛从美国中部阿肯色州的本顿维尔小城崛起，到目前为止，沃尔玛商店总数达到4000多家，年收入2400多亿美元，列全球500强首位，创造了一个又一个神话。沃尔玛几十年来蒸蒸日上，而且不断扩张。在全球经济不景气的情况下，沃尔玛仍然以良好的速度增长。沃尔玛成功的秘密就在于它注重细节，从细节中取胜。 比如，每个沃尔玛人都必须做到以下3点：

1. “视纸如命”

在沃尔玛，无论是店员还是管理层，都很节约，他们从来没有专业用的复印纸，都是用废报告纸背面，除非重要文件，沃尔玛从来没有专业打印纸；沃尔玛的工作记录本，都是用废报告纸裁成的。

有一天，沃尔玛总裁山姆·沃尔顿闲来无事，就到一家店面看看销售情况。不经意间，他看到一位店员正在给顾客包装商品，随手把多余的半张包装纸、长出来的包装绳子扔掉了。山姆·沃尔顿微笑着对店员说：“小伙子，我们卖的货是不赚钱的，只是赚这一点节约下来的纸张和绳子钱。”

2.不论你是总裁，还是经理，繁忙时都是店员

在美国，人们平时很忙，一般时间都用在工作上，而只有到周末或者公假时间，才有时间出来购物。所以，一到这些假日，沃尔玛也就会

迎来客流高峰。几乎所有的沃尔玛店面都感觉人手不够，这时，沃尔玛从运营总监、财务总监、人力资源经理及各部门主管、办公室秘书，都换下笔挺的西装，投入到繁忙的商场之中，去做收银员、搬运工、上货员、迎宾员……

3.注意顾客需要的细节

沃尔玛开业之初不在任何一个超过5000人的城镇上设店，保障以绝对优势成为小城镇零售业的支配者。沃尔玛创始人山姆·沃尔顿说："我们尽可能地在距离库房近一些的地方开店，然后，我们就会把那一地区的地图填满；一个州接着一个州，一个县接着一个县，直到我们使那个市场饱和。"从20世纪80年代末到90年代初，沃尔玛开始进军都市市场。

沃尔玛的成功，我们可以归结为两个字：细节。而我们身边有很多人，不屑于做具体的事。孰不知能把自己所在岗位的每一件事做成功，做到位就很不简单了。不要以为董事长比普通职员好当。有其职就有其责，有其责就有其忧。如果力不及所负，才不及所任，必然祸及己身，导致混乱。所以，重要的是做好眼前的每一件小事。所谓成功，就是在平凡中做出不平凡的坚持。

重视细节，这不仅是一种好习惯，更是帮助我们实现卓越的最好方法，因为这是一个积累的过程。当然，你就需要从今天开始，摒弃对小事无所谓的恶习才行。事实上，会利用机会的人，往往不是那些把机会奉为神明的人，他们从没把希望寄托在机遇上，他们知道，大事业是从小处开始的，他们明白，一砖一木垒起来的楼房才有基础，一步一个脚印才能走出一条成功的道路。

塑造自我的关键是甘做小事，塑造自我不能一蹴而就，而是一个

循序渐进的过程。成功是由一个个小目标达成的，一次次小进步累积而成的。一个人要有伟大的成就，必须天天有些小成就。要做好点滴的积累，你需要明确以下几点：

1.相信自己，正视开端

任何大的成功，都是从小事一点一滴累积而来的。没有做不到的事，只有不肯做的人。想想你曾经历过的失败，当时的你真的用尽全力试过各种办法了吗？困难不会是成功的障碍，只有你自己才可能是最大的绊脚石。

2.扎实的基础是成功的法宝

很多人不满意现在的工作，羡慕明星、大款或者成功人士，不安心本职工作，总是想跳槽。其实，没有十分的本领，就不应有些妄想。我们还是应该多向成功之人学习，脚踏实地，做好基础工作，一步一个脚印地走上成功之途。

3.实干才能脱颖而出

那些充满乐观精神、积极向上的人，总有一股使不完的劲儿，神情专注，心情愉快，并且主动找事做，在实干中实现自己的理想。

4.用心做事，尽职尽责

以积极主动的心态对待你的工作、你的公司，你就会充满活力与创造性地完成工作，你就会成为一个值得信赖的人，一个老板乐于雇用的人，一个拥有自己事业的人。

5.对待小事也要倾注全部热情

倾注全部热情对待每件小事，不去计较它是多么的“微不足道”，你就会发现，原来每天平凡的生活竟是如此的充实、美好。

的确，没有人生来就是伟大的，没有人可以不做小事就直接做大

事，就像走路，每一小步看起来是那么不起眼，但走的久了，你会发现自己居然走过那么长的路途！那么，你还等什么呢？从现在就开始，从小事做起，并且坚持，一步一个脚印，最后成功一定会属于你！

心理学巨匠威廉·詹姆士说：“播下一个行动，收获一种习惯；播下一种习惯，收获一种性格；播下一种性格，收获一种命运。”所以，习惯决定着你的活动空间的大小，也决定着你的成败。养成重视细节、重视积累的好习惯会使成功不期而至。

先设立一个能达到的小目标

古人云：“凡事预则立，不预则废。”大到国家，小到个人，做事时候都必须要有计划性，只有做到缜密行事、步步为营，才能让成功多一份胜算。同样，我们若想养成一个良好的习惯或者改掉一个恶习，也要做好计划，毕竟，任何习惯的养成都不是一蹴而就的。当然，制订计划的时候，我们应当先设定一个短小的目标，当我们完成了这一阶段的目标后，才有信心继续向更好阶段的目标挑战。我们先来看下面一个减肥成功者是怎么养成运动的习惯的：

“我曾经是个两百斤的胖子，肥胖带来的苦恼实在太多了，我常常买不到合适的衣服，我上公交车，大家都用异样的目光看着我，而让我印象最深的一件事，有一次，我得了阑尾炎，疼得厉害，爸妈打了急救电话，来个几个年轻的女护士，她们要把我抬上救护车，但我太胖了，女护士们根本抬不动，我躺在担架上，被折腾了好久……自打这件事后，我告诉自己，无论如何，一定要减肥，这样胖下去实在太苦恼了。

我也明白，对于一个两百斤的大胖子来说，立即减成一个苗条的人并不大可能，于是，我给自己制订了一个运动减肥的计划。在第一个月的每天，我运动一个小时，并且不吃零食；第二个月，每天运动一个半小时……刚开始的几天，我觉得每天锻炼一个小时都很吃力，因为我以前是个连走路都会大喘气的人，不过我还是坚持下来了，第一个月结束的时候，我去称了下体重，我居然减了二十多斤，这实在太神奇了。就这样，我继续完成了接下来的两个月的锻炼计划，现在，我身上的肥肉已经都不见了，而且，最重要的是，我已经养成了锻炼身体的习惯……"

其实，和锻炼身体一样，养成任何一个好习惯、戒除一个坏习惯，都不能急于求成。我们可以先为自己定一个可以轻易实现的目标，这个目标的实现能增强我们的自信心，帮助我们成功克服更高的难题。

具体来说，这需要我们做到：

1.树立的目标是可操作的、具体的，而不是模糊的、抽象的

比如，你不能告诉自己，我要变得勤奋起来，而是要具体点：我要在9月1日之前打扫和整理我的车库。

2.树立的目标应该是务实的，而不是不切实际的

你要学会从小事开始养成习惯，而不要异想天开、过于理想化，你可以选择一个能接受的程度最低的目标。比如，你不能告诉自己，我决不再拖拖拉拉，而应该把目标具体化：我会每天花一个小时学习数学。

3.将你的目标分解成短小具体的目标

每一个小目标都要比大目标容易达成，小目标可以累积成大目标。你不应该告诉自己，我打算写份报告，而是：我今晚将花半小时设计表格，明天我将花另外半小时把数据填进去，再接下来一天，我将根据那

些数据花一个小时将报告写出来。

4.处理好时间问题

你可以问问自己：这个任务事实上将花去我多少时间？我真正能抽出多少时间投入其中？ 不是：明天我有充足的时间去做这件事。 而是：我最好看一下我的日程表，看看我什么时候可以开始做。上次那件事花的时间超出了我的预期。

5.只管开始做

要想一下子做完整件事情，每次只要迈出一小步。记住“千里之行始于足下”。不是：我一坐下来就要把事情做完。而是：我可以采取的第一个行动是什么？

6.利用接下来的15分钟

任何事情你都可以忍受15分钟。你只能通过一次又一次的15分钟才能做完一件事情。因此，你在15分钟时间内所做的事情是相当有意义的。 不是：我只有15分钟时间了，何必费力去做呢？ 而是：在接下来的15分钟时间内，这件事的哪个部分我可以上手去做呢？

7.为困难和挫折做好心理准备

当你遭遇到第一个（或第二、第三个）困难时，不要放弃。困难只不过是一个需要你去解决的问题，它不是你个人价值或能力的反映。不是：教授不在办公室，所以我没办法写论文了。我想去看场电影。而是：虽然教授不在，但是我可以在他回来之前先列出论文提纲。

8.可能的话，将任务分派出去

你真的是能够做这件事的唯一人选吗？这件事情真的有必要去做吗？ 记住：没有人可以什么事情都做——你也是。不是：我是唯一一个可以做好这件事的人。 而是：我会给这件事找个合适的人来做，这样我

就可以去做更重要的事了。

9.保护你的时间

学会怎样说不，不要去做额外的或者不必要的事情。为了从事重要的事务，你可以决定对“急迫”的事情置之不理。不是：我必须对任何需要我的人有求必应。而是：在工作的时候，我没必要接听电话。我会收看留言，然后在我做完事情后再回电。

10.留意你的借口

不要习惯性地利用借口来拖延，而要将它看做是再做15分钟的一个信号。或者利用你的借口作为完成一个步骤之后的奖赏。不是：我累了，或者是我饿了、累了、很烦躁等，我以后再做。而是：我累了，所以我将只花15分钟写报告，接下来我会小睡片刻。

11.奖赏你一路上的进步

如果你实现了初步的计划，那么，你就应该奖赏自己，当然，你更应该关注自己的努力，而不是结果。比如，你可以奖励自己看部电影。

在养成某种习惯的过程中，很多人表现出了急躁的毛病，事实上，任何一件事，从计划到实现的阶段，总有一段所谓时机的存在，也就是需要一些时间让它自然成熟。如果我们想一步登天的话，那么，经常会遭到破坏性的阻碍。因此，无论如何，我们都要有耐心，你可以暂时为自己制定一个可实现的短小的目标。

重复 21 天，养成好习惯

我们都知道，习惯的力量是惊人的，它可以让你做出令人吃惊的

事情。一旦某种行为变成了习惯，当你重复这种行为时，感觉很顺畅；当你做出违背习惯的行动时，你会觉得十分不痛快。好习惯、坏习惯都如此，可是有一句话：“学好难，学坏易。”当你养成坏习惯，想改掉它是一件需要下功夫的事情。同样，养成好习惯也是如此。如果你放弃了，那么，这证明你的自控力不强。

行为心理学研究表明：21天以上的重复会形成习惯；90天的重复会形成稳定的习惯。即同一个动作，重复21天就会变成习惯性的动作。同样道理，任何一个想法，重复21天，或者重复验证21次，就会变成习惯想法。所以，一个观念如果被别人或者自己验证了21次以上，它一定已经变成了你的信念。也就是说，在21天内，如果你能控制住自己，那么，你就能成为习惯的主人，而如果你无法控制住自己的行为，你就会功亏一篑。

因此，如果你是个意志力坚强的人，你就应该在晨起的那一刻开始告诉自己：今天我要继续努力，坚持下去，我就能成功。我们先来看玛丽是如何养成冥想的习惯的：

玛丽是五个孩子的母亲，全职在家照顾孩子和家庭。曾经，她经历过一些不寻常的事，因此，一度每天都在噩梦中惊醒。玛丽患有严重的风湿症，特别痛苦。与此同时，为了重新探索自己的信仰与生命目标，她陷入苦苦的挣扎之中。

因为接二连三发生了一些事情，所以玛丽的朋友建议她可以写一些东西，以宣泄自己内心的痛苦。开始的时候，玛丽对朋友的建议持质疑的态度，毕竟这对她来说是一件极为不寻常的事。不过，最终她还是采纳了朋友的建议，开始练习写作。

每天早上醒来的时候，她都清晰地记得自己晚上做了哪些梦，于是，她赶紧提笔写下来，当她写完以后，她这一天的心情就好多了。随着练习的时间越来越长，玛丽进步得很快，渐渐地打开了自己，迎接心灵的成长，与此同时，她还日益感受到在奋斗与挣扎中寻找到爱、信心和勇气。

终于有一天，玛丽发现，自己已经习惯了写作的日子，曾经那些所谓的痛苦也已经不再缠绕自己了，她的写作功底也得到了他人的认同。她的内心日益充实丰盈，充满了爱、灵性和力量。通过自己的笔端，玛丽把自己的所得毫无保留地传递给别人。

生活中，我们每个人都有一些习惯，有好的，也有坏的，但无论是养成好的习惯，还是戒除坏习惯，都需要我们融入自己的意志力，我们只有不断告诫自己坚持到底，才能真正将习惯变成无意识的行为。人们常说，一天之计在于晨，早上的行为与观念决定了我们一天的观念和行为，如果早晨刚睁开眼的你就已经决定了今天要为自己的好习惯付出努力时，那么，这一天内，你的行为可能就是在正轨上的，而反过来，假如你在早上就已经消极处之，那么，接下来，你可能会懈怠、放纵，“量变引起质变”，今天你的行为如何，直接关系到你的习惯的形成。

因此，我们可以说，习惯的形成，关键在于你自己观念的建立，从晨起的第一眼开始，多督促自己，你就会看到成效，具体来说，你可以做到：

1.起床要迅速

赖床是一种拖延行为，你的确可以多睡半个小时，但接下来，无论是起床锻炼身体，还是为自己做个营养的早餐，你的生活都会被打乱了，因此，无论你想纠正什么坏习惯或者养成什么好习惯，都是从一个好的起床习惯开始的。

2.吃一顿营养的早餐

现代社会，很多人因为忙碌而不吃早餐或者草草吃个早餐，实际上，一个营养的早餐才是最重要的，无论你接下来有什么工作和学习计划，没有充足的体力，都会影响到它的效果。如果你觉得时间不够，那么，你不妨早起一点。

3.做好一天的规划

你可以尝试像孩子一样，多培养时间观念，学会合理的安排时间（即使安排玩的时间也要有个度），并且制订一下目标，有目标地去学习，做事情。

所有事物发生改变的前提都是要进行一定的量的积累。好习惯的产生就需要我们不断地进行自我优化，不断地改正所谓的缺陷，通过一段时间的坚持从而达成质变。而重视起床时的一段时间，能强化我们的自控意识，帮助坚持完成任务。

自控意识，成为你想成为的人

人们常说：“思想有多远，就能走多远。”这句话虽然有点夸张，但却是道出了思想对行动的指导作用。同样，在习惯的培养上，我们能否成功，关键也取决于我们的思想，如果你是个使命感强的人，你希望自己活得伟大，那么，对于当下的行动，你就有自控意识，你就能坚持不懈的努力。因此，我们每个人，都应该找到自己的使命，制订出明确的目标，并为实现自己的目标而奋斗，才能成为你想成为的人。

除了天分，日本著名作曲家小泽征尔拥有更多的是勤奋。日本作曲家武满彻曾经在小泽寓所住过一段时间，目睹了大师的勤奋，他说："每天清晨四点钟，小泽屋里就亮起了灯，他开始读总谱。真没想到，他是如此用功。"原来，小泽从青年时代就养成晨读的习惯，一直坚持到今天。"我是世界上起床最早的人之一，当太阳升起的时候，我常常已经读了至少两个小时的总谱或书。"小泽这样说。

正是因为如此，在一次演出中，小泽征尔以敏锐的洞察力听出了乐谱的错误，并敢于向在场的权威人士质疑，成功在比赛中胜出。

的确，伟大的成功和辛勤的劳动是成正比的，有一分劳动就有一分收获，日积月累，奇迹就可以创造出来。这是绝对的真理。只有勤奋工作才是最高尚的，才能给人带来真正的幸福和乐趣。勤奋是通往荣誉圣殿的必经之路。那么，小泽征尔为什么会如此用功？他是怎么养成勤奋学习的习惯的？可以说，他的动力来自于他对音乐的热爱和追求。

因此，生活中的人们，如果你还在浑浑噩噩地生活着，还在感叹自己无法改掉某些恶习，那么，你不妨也为自己找个伟大的目标吧，具备强有力的信念，你就能找到前进的方向和动力。它能使你摆脱空谈主义，能帮助你挖掘你身体的所有潜能，能帮助你克服很多阻力。

很多年前，在美国，有个叫史蒂文的残疾人，和很多残疾人一样，他的残疾是后天不幸所致。不能正常行走的他，陷入了极度的恐惧和无助之中，他也学会了喝酒度日。就这样，二十年过去了。但这一切，又在另外一场意外中改变了。

有一天，他和往常一样，从酒馆出来，照常坐轮椅回家，却碰上了3个连残疾人都不放过的劫匪，这群劫匪早就盯上了他的钱包。

当他的钱包被抢后，他拼命呐喊，试图找到一个能够帮助他的人，但这群劫匪，在听到他的呼喊后，居然萌生了要杀人的念头，他们放火

烧他的轮椅。轮椅很快燃烧起来，求生的欲望让史蒂文忘记了自己的双腿不能行走，他立即从轮椅上站起来，一口气跑了一条街。事后，史蒂文说："如果当时我不逃，就必然被烧伤，甚至被烧死。我忘了一切，一跃而起，拼命逃走。当我终于停下脚步后，才发现自己竟然会走了。"

现在，史蒂文已经找到了一份工作，他身体健康，像正常人一样行走，并到处旅游。

信念的力量是无穷的，大自然赐给每个人以巨大的潜能，但由于没有进行各种智力训练，每个人的潜能从没得到过淋漓尽致的发挥。人的潜能往往就是通过强力激发出来的。人人都是天才，至少天才身上的东西都有可能在普通人身上找到萌芽。

爱默生告诫我们："人总归是要长大的。天地如此广阔，世界如此美好，等待你们的不仅仅是需要一对幻想的翅膀，更需要一双踏踏实实的脚！"任何人的成功都是点滴的进步。但反过来，任何思维和行为上的进步也需要梦想的指引，因此，从现在起，你只需树立一个正确的理念，并调动你所有的潜能并加以运用，便能带你脱离平庸的人群，步入精英的行列之中！

那么，我们该如何寻找到自己的使命呢？

你可以记住以下几点：

1.关注未来，不要满足于现状

独具慧眼的人，往往具备人们所说的野心，是不会被眼前的蝇头小利所诱惑而放弃追求梦想的愿望，他们一般是用极有远见的目光关注未来。

2.重新审视自己，找出自己的闪光点

每个人都有与众不同的地方，可能这些不同的地方会因为日常那些烦琐的事情而被掩盖，那么，从现在起，不妨停下脚步想想，你是不是在某些方面比别人更有天赋呢？如果有，就开始重新审视自己吧，从自己最擅长的事情做起，你会省力、省心很多！

3.重新唤醒自己的梦想

其实，在我们心中，都有一个属于自己的梦想，但出于各种原因，可能这些梦想会逐渐被磨灭。但你发现没，正是因为你失去了梦想，你才会显得无力，没有热情，才会变得得过且过，任何人的潜能的激发只有具有一个伟大的动力，才会被最大限度地激发出来。因此，不要犹豫了，为理想奋斗吧，你的人生才会别样的精彩！

4.不要把梦停留在想上

梦想可以燃起一个人的所有激情和全部潜能，载他抵达辉煌的彼岸。但你若有了梦想，不要把“梦”停留在“想”，一定要付诸行动，制订目标，这才可以带给你真正需要的方向感。

5.树立脚踏实地的态度

你若想变得伟大、想成就一番事业，就必须要具备勤奋的工作态度。爱因斯坦说：“人的价值蕴藏在人的才能之中。在天才和勤奋两者之间，我毫不迟疑地选择勤奋，她是几乎世界上一切成就的催产婆。”真正的成功是一个过程，是将勤奋和努力融入每天的生活中，融入每天的工作中。成功没有捷径，它需要脚踏实地。

我们都渴望成功，但成功并不是一蹴而就的，没有人能随随便便成功，成功者必须有良好的行为习惯、严谨的工作作风和勤奋的学习态度等，不付出努力，同时又想把蛋糕做大，这是不可能的。同时，反过来，成功的理念、梦想、使命感都能对我们的行为起到指引和约束作用，因此，我们有必要为自己树立一个伟大的行为目标，并制订一个可行的计划，那么，我们就获得了持久的动力。

第08章

做思维的管理者，专注于每一件你想要做好的事情

生活中，学会做思维的管理者，专注于每一件你想要做好的事情，不管工作还是生活，认真对待，全身心投入，踏实做事，一步一个脚印，书写出自己的生命乐章，那么总会收获意外的惊喜。

集中注意力，做好想做的事情

人生不是短跑，不在于一瞬间的爆发力，而是一场马拉松，重要的是能够保持合适的节奏和拥有充足的体力，跑完全程。面对这样的人生征途，一时的兴致或者冲动无法支撑我们笑到最后，最重要的是要有专注力，从而才能在漫长路途之后，实现人生伟大的目标。否则，倘若在人生途中总是三心二意，半途而废，即使目标很容易实现，也只怕会错失。由此可见，专注力是成功人生不可或缺的重要能力，正如人们所说的，笑到最后才能笑得最好，也正是这个道理。

很多时候，面对生活或者工作中看似简单的那些事情，实际上必须需要投入专注力才能完成。从某种意义上来说，越是看似简单的事情，越是需要专注力作为强力支撑。很多人都有这样的体验，在突然遇到紧急情况时，人们反而能够集中注意力应对危机。但是在那些看似简单的事情中，人们却无法保持专注力，有的时候还会因为轻视导致注意力分散。由此一来，直接导致简单的也事情也做不好。如果说成功一定是有秘诀的，那就是集中注意力做好简单的事情，做好你想做的事情。

在生活中，要想煲出一锅靓汤需要专注；在工作中，要想做好本职工作需要专注；在人生的道路上，要想把简单的事情做到极致，也同样需要专注，因为唯有专注才能让我们保持长久的毅力，帮助我们坚持到最后一刻钟，从而获得成功。可以说如果人生缺乏专注，不但会与成功

渐行渐远，而且也会失去很多乐趣，最终甚至错过整个人生。

大学毕业后，刘刚被分配到一家工厂的宣传部工作。对于这份工作，刘刚并不满意，总觉得自己是大材小用了。因此，他对待工作总是三心二意，根本不知道何为用心。有一次，厂里举行了一次大规模的运动会，表现工人阶级如火如荼的工作热情。运动会结束后，厂长让刘刚写一篇报道，记载运动会的经过，刘刚三言两语就写完了报道，不但内容空洞，而且感情也很生硬。看完这篇报道后，厂长把报道退给刘刚，说："你的这篇报道一看就没有用心写。要是用心了，不可能把那么热闹的运动会写得就先白开水一样寡淡无味。我不想说别的，只想告诉你即便是再简单的工作，倘若不用心，都不可能出彩的。"听了领导的话，刘刚羞愧不已，说："领导，谢谢您的指点。"

次日，刘刚不再坐在办公室里闭门造车，而是换上粗糙的工作服，也走到生产的第一线。经过和工人们一天的相处，刘刚深深感受到他们内心的火热。在陪伴工人们一起从事生产的过程中，刘刚也明白了劳动的伟大和光荣，为此，他满怀热情地写出了第二篇报道。看完这篇报道后，厂长不由得拍手叫好："这才是用心的文章啊！"

对于任何人而言，要想做好一件事情，哪怕只是简单的事情，也要非常专注。很多朋友都知道小猫钓鱼的故事，在半天的时间里小猫因为三心二意，连一条鱼都没有钓上来，更别提钓大鱼了。人生也是如此，要想有所成就，首先必须专注。假如一个人从不专注，做任何事情都三心二意，那么他无论如何也不可能得到他人的认可，更无法得到相应的回报。事例中的刘刚仗着自己是个大学生，就不把宣传部的工作放在眼里，因而难免不够专心，这就直接导致他的报道无法打动人心，更不可能让人感受到他倾注其中的热情。相反，第二次写报道时，他投入了专心和感情，因而把报道写得有血有肉，让人读起来都热血沸腾。这就是专注的成就。

从人生的角度而言，专注是一种至高无上的境界，能够帮助我们排除万难，勇往直前，也能帮助我们成就自己的人生。从心理学的角度而言，专注是一种注意力，也是一种认真负责的态度，更是一种顽强不屈的意志力。不管是在生活中还是在工作中，我们都必须非常专注，才能赢得未来，成就人生。当你变得专注，你还会有意外惊喜的发现，因为你会感受到专注力的美和魅力，也从此爱上专注。

无论做什么，都要竭尽全力

伊格诺蒂乌斯·劳拉也有一句名言：“一次做好一件事情的人比同时涉猎多个领域的人要好得多。”托马斯·爱迪生曾说过：“成功中天分所占的比例不过只有1%，剩下的99%都是勤奋和汗水。”的确，在太多的领域内都付出努力，我们就难免会分散精力，阻碍进步，最终一无所成。也就是说，我们每个人，只有专心致志于一行一业，不腻烦、不焦躁，埋头苦干，不屈服于任何困难，坚持不懈，才能有所成就。只要你坚持这样做，就能造就优秀的人格，专注力属于自控力的一个方面，需要我们在日常生活中逐渐培养，只有这样，你的人生才会开出美丽的鲜花，并结出丰硕的果实。

莫泊桑是19世纪法国著名作家。他从小酷爱写作，孜孜不倦地写下了许多作品，但这些作品都是平平常常的，没有什么特色。莫泊桑焦急万分，于是，他去拜法国文学大师福楼拜为师。

一天，莫泊桑带着自己写的文章，去请福楼拜指导。他坦白地说：“老师，我已经读了很多书，为什么写出来的文章总感到不生动呢？”

“这个问题很简单，是你的功夫还不到家。”福楼拜直截了当地说。

“那怎样才能使功夫到家呢？”莫泊桑急切地问。

“这就要肯吃苦，勤练习。你家门前不是天天都有马车经过吗？你就站在门口，把每天看到的情况，都详详细细地记录下来，而且要长期记下去。”

第二天，莫泊桑真的站在家门口，看了一天大街上来来往往的马车，可是一无所获。接着，他又连续看了两天，还是没有发现什么。万般无奈，莫泊桑只得再次来到老师家。他一进门就说：“我按照您的教导，看了几天马车，没看出什么特殊的东西，那么单调，没有什么好写的。”

“不，不不！怎么能说没什么东西好写哟？那富丽堂皇的马车，跟装饰简陋的马车是一样的走法吗？烈日炎炎下的马车是怎样走的？狂风暴雨中的马车是怎样走的？马车上坡时，马怎样用力？车下坡时，赶车人怎样吆喝？他的表情是什么样的？这一些你都能写得清楚吗？你看，怎么会没有什么好写呢？”福楼拜滔滔不绝地说着，一个接一个的问题，都在莫泊桑的脑海中打下了深深的烙印。

从此，莫泊桑天天在大门口，全神贯注地观察过往的马车，从中获得了丰富的材料，写了一些作品。于是，他再一次去请福楼拜指导。

福楼拜认真地看了几篇，脸上露出了微笑，说：“这些作品，表明你有了进步。但年轻人贵在坚持，才气就是坚持写作的结果。”福楼拜继续说：“对你所要写的东西，光仔细观察还不够，还要能发现别人没有发现和没有写过的特点。如你要描写一堆篝火或一株绿树，就要努力去发现它们和其他的篝火、其他的树木不同的地方。”莫泊桑专心地听着，老师的话给了他很大的启发。福楼拜喝了一口咖啡，又接着说："你发现了这些特点，就要善于把它们写下来。今后，当你走进一个工厂的时候，就描写这个厂的守门人，用画家的那种手法把守门人的身材、姿态、面貌、衣着及全部精神、本质都表现出来，让我看了以后，不至于把他同农民、马车夫或其他任何守门人混同起来。"

莫泊桑把老师的话牢牢记在心头，更加勤奋努力。他仔细观察，用心揣摩，积累了许多素材，终于写出了不少有世界影响的名著。

的确，和莫泊桑一样，很多成功者之所以成功，就是因为在专注的过程中，经过了沮丧和危险的磨炼，才造就了天才。福韦尔·柏克斯顿认为，成功来自一般的工作方法和特别的勤奋用功，他坚信《圣经》的训诫："无论你做什么，你都要竭尽全力！"他把自己一生的成就归功于"在一定时期不遗余力地做一件事"这一信条的实践。

相反，那些对奋斗目标用心不专、左右摇摆的人，对琐碎的工作总是寻找遁辞，懈怠逃避，他们注定是要失败的。如果我们把所从事的工作当作不可回避的事情来看待，我们就会带着轻松愉快的心情，迅速地将它完成。瑞典的查尔斯九世还在他年轻的时候，就对意志的力量抱有坚定的信念。每每遇到什么难办的事情，他总是摸着小儿子的头，大声说："应该让他去做，应该让他去做。"和其他习惯的形成一样，随着时间的流逝，勤勉用功的习惯也很容易养成。因此，即使是一个才华一般的人，只要他在某一特定的时间内，全身心地投入和不屈不挠地从事某一项工作，他也会取得巨大的成就。

那么，具体来说，我们该如何提升自己的专注力呢？

1.一次只做一件事

如果你决定了做一件事，那么，你就要做到专注，然后，你需要问

自己：“在这些要做的事情中间，哪件事最重要？”选出那件最棘手的事，然后保证自己在接下来一段时间内只专注于它。

2.排除干扰

在你准备做一件事时，请收拾好你的书桌，关闭手机，关闭电脑的浏览器等，避免那些容易使你分心的事，你的学习和工作效率会提高很多。

3.动机

明确你办事的动机会有助于加强你的专注力，并且能让你完成任务。你要知道你为什么要去专注于某事，而且要清楚如果你不专注于此事会有什么样的后果。

此外，你可以想象一下假如你朝着一个方向前进的话，你的生活将会是什么样子的。想象一下你理想中的生活。让它清晰可见并让它时刻浮现在你脑海中。

4.深呼吸

当你开始新的一天时，问自己一个问题，“我在呼吸吗？”然后做几次深呼吸。问你自己“我现在感觉放松吗？”如果你的回答是“不太放松”，那么先什么也不要做，然后深呼吸。

5.享受当下

当下是我们所拥有的一切。生活只存在于当下。珍视它，祝福它，感激它，体验它。不论你在做什么，充实地生活……

在对有价值目标的追求中，坚韧不拔的决心是一切真正伟大品格的基础。充沛的精力会让人有能力克服艰难险阻，完成单调乏味的工作，忍受其中琐碎而又枯燥的细节，从而使他顺利通过人生的每一驿站。

阿雷·谢富尔指出：“在生活中，唯有精神的肉体的劳动才能结出丰硕的果实。奋斗、奋斗，再奋斗，这就是生活，唯有如此，也才能实现自身的价值。我可以自豪地说，还没有什么东西曾使我丧失信心和勇气。一般说来，一个人如果具有强健的体魄和高尚的目标，那么他一定能实现自己的心愿。”总之，人生路上，我们不要有太多的空想，而要专注于眼前的工作。在生活中的多数情况下，对枯燥乏味工作的忍受和含辛茹苦，应被视为最有益于人身心健康的原则，为人们所乐意接受。

因为热爱，才能全神贯注

人生在世，要有一番成就，就必须要有目标，这是毋庸置疑的。正是因为这一点，现实生活中的很多人，他们认为自己当下的工作根本谈不上“惊天动地的事业”，于是，他们总是渴望拥有一份更能发挥自己能力与价值的工作，对自己的本职工作便心不在焉。而实际上，热爱我们的工作并做到专心致志、全力以赴，是每个社会人的职责，也是让自己快乐的源泉。我们死心塌地地对待我们所做的工作时，就能产生火热的激情，它能让我们每天在工作中全力以赴。久而久之，持续地努力付出自然会有回报，你将因出色的表现获得巨大成就。失去热情，必然会失去继续前行的动力；失去激情，必然会失去战胜困难的勇气，不敢面对挑战，这样的人生必然乏味而无聊。

成功始于源源不断的工作热忱，你必须热爱你的工作。热爱你的工作，你才会珍惜你的时间，把握每一个机会，调动所有的力量去争取出类拔萃的成绩。

朱莉现在已经是家连锁餐饮企业的老板了，现在的她，每天脸上都

挂满笑容。而六年前，她只不过是一家餐厅的侍应生。而她的丈夫保罗也只不过是一名交警。虽然那时候他们每天都很快乐，然而保罗和朱莉都梦想着有一天能拥有他们自己的事业。他们特别喜欢冰激凌，并为经营一家冰激凌店做了一些调查工作，但是他们并没有发现合适的机会。

有一次，一个客人来店里吃饭，朱莉无意中和他聊了几句，原来，对方是一家名为“酷圣石”的冰激凌店的老板。这引起了朱莉的兴趣，经过数次的拜访，她和丈夫一致认为这就是自己长期以来所寻找的机遇。于是，他们便决定冒险投资。

当你进入朱莉的这家冰激凌店之后，你会发现，朱莉工作起来是如此热情洋溢。不论你什么时间去买冰激凌，他们总会有一个人一直守在店里，与此同时，保罗还保留着警察这份职业。但他们确实是在享受自己所做的工作。

詹姆斯巴里说：“快乐的秘密，不在于做你所爱的事，而在于爱你所做的事。”工作在我们的人生中占据了大部分最美好的时光。比尔·盖茨有句名言：“每天早上醒来，一想到所从事的工作和所开发的技术将会给人类生活带来巨大的影响和变化，我就会无比兴奋和激动。”

事实上，即使你现在感觉厌烦工作，仍坚持再作一些努力，忍辱负重、积极向前，这将导致人生的根本大转变。

小李高考落榜后，就开始在一家汽车修理厂工作，从他开始工作的第一天开始，他就对自己的工作充满了不满，他开始抱怨：“修理这活太脏了，瞧瞧我身上弄的”“真累呀，我简直要讨厌死这份工作了”“要不是考试中出了点失误，我现在都是名牌大学的学生了。做修理这活太丢人了”！

每天，小李都在煎熬和痛苦中过日子，但他又害怕失去手上这份工作，于是，只要师父不在，他就要滑偷懒，应付手中的工作。

几年过去了，与小李一同进厂的三个工友，各自凭着自己的手艺，或另谋高就，或被公司送进大学进修了，独有小李，仍旧在抱怨声中，做他蔑视的修理工。

可见，无论你正在从事什么样的工作，要想获得成功，都要对自己的工作充满热爱。如果你也像小李那样鄙视、厌恶自己的工作，对它投注“冷淡”的目光，那么，即使你正从事最不平凡的工作，你也不会有所成就。

有句话说得好：“选择你所爱的，爱你所选择的”。为了培养你对工作的热情，你需要做到以下几点：

首先，在择业之前，你应该考虑自己的兴趣。如果工作在某些方面真的令你缺乏兴趣，我并不是说一定要强迫你每天在工作的时候保持微笑。一般情况下，如果你真的不喜欢自己所做的事情，对它缺少积极性，那么这是不值得的，不管你得到的薪水有多高，不管你的职业生涯攀上了多少高峰，都是不值得的。

如果你并不了解自己的兴趣所在，你怎样才能挖掘出它们呢？有很多方法可以做到这一点。例如，在你目前的工作中，你最喜欢它的哪些方面？是和他人共处，还是不和他人共处？是智力挑战，还是解决问题或者某个问题在某一天结束的时候有了具体答案的满足感？

倘若你已经有一份不错的工作，那么，不妨尝试着热爱它。

其实，并不是所有工作都是那么妙趣横生的，甚至绝大部分工作都会因为工作环境的一成不变而变得枯燥乏味。许多在大公司工作的员工，他们拥有渊博的知识，受过专业的训练，有一份令人羡慕的工作，拿一份不菲的薪水，但是他们中的很多人对工作并不热爱，视工作如紧

箍咒，仅仅是为了生存而不得不出来工作。他们精神紧张、未老先衰，工作对他们来说毫无乐趣可言。

可见，一件工作有趣与否，取决于你的看法， 对于工作，我们可以做好，也可以做坏。可以高高兴兴和骄傲地做，也可以愁眉苦脸和厌恶地做。如何去做，这完全在于我们。所以只要你在工作，何不让自己充满活力与热情呢?

因此，无论你现在从事什么样的工作，你都应该学会热爱它即使这份工作你不太喜欢，也要尽一切能力去转变，并凭借这种热爱去发掘内心蕴藏着的活力、热情和巨大的创造力。事实上，你对自己的工作越热爱，决心越大，工作效率就越高。

当你抱有这样的热情时，上班就不再是一件苦差事，工作就变成了一种乐趣，就会有许多人愿意聘请你来做你更热爱的事。如果你对工作充满了热爱，你就会从中获得巨大的快乐。

设想你每天工作的八小时，就等于在快乐地游泳，这是一件十分惬意的事情!

另外，从工作中寻找成就感也会让你爱上这份工作，比如，如果你是教师，你可以通过观察每个学生在学习上的进步、心智的成长来获得乐趣；如果你是个医生，你可以从帮助病人排除病痛为己之快乐。另外，你还应该认识到，在每一份工作中，我们都学到了不同的知识。

总之，你就要记住，重要的并不是你付出了多少，而是你怎样为之付出。你可以在工作中抱有激情和热心的态度，尽自己最大的能力去做，不管会得到多少，始终抱有这种良好的心态来享受工作带来的乐趣!

不管怎样，竭尽全力、专心致志、全神贯注于本职工作。这样，渐渐地在痛苦之中逐步产生喜悦感和成就感。“热爱”和“全神贯注”就如硬币的正反两面，是因果关系的循环。因为热爱才能全神贯注，全神贯注之中自然而然热爱上了。当然，最初难免有些勉强。但是，必须要反复对自己说："自己正在从事一项了不起的工作""这是多么幸运的工作啊"。于是，对工作的态度自然而然就有了大转变。

专注于一件事，追求极致

生活中，任何一个积极向上的人，对于自己的未来都满怀信心，并树立了伟大的理想，理想能指导行动，让你的努力都有一个明晰的主线，而事实上，在追求梦想的过程中，一些人却沉不下心来，他们每天都在展望自己的未来而不踏实工作、生活的话，那么，只能让心智沉浸其中，只会陷入人生的陷阱。有首古诗说得好，"明日复明日，明日何其多，我生待明日，万事成蹉跎"。如果你还沉浸在对未来的一些不切实际的幻想中，那么，你一定要收回思维，让心和思考都走在一条直线上——今天。只有把每一天过得实在有意义，把每一天的学习、工作任务及时完成了，才能在每一天悄悄地成长，慢慢地长大。当你回过头来的时候，你会惊讶地发现，原来自己的每一天过得是这样的充实，你会为自己而感到骄傲和自豪。

的确，今天不过去，明天就不会来到，再伟大的理想，如果没有一天一天的累积，也会倾塌。在生活中，输得最惨的往往是些聪明人而不是笨人。原因就在于笨人知道自己不够聪明，只能靠苦干、实干才能创造好的生活，最终他们如愿以偿了。而聪明人做事时则不肯下力气，总想着要小聪明，投机取巧，所以往往输得很惨，所以智慧和实干比起

来，实干更加不可或缺。

约翰·霍普金斯学院的创始人威廉斯勒曾经是英国医学院的一名学生，他的成功来自于他老师的一句话的启迪。

那还是1871年的春天的事情，那时候，威廉斯勒正处在心情烦躁之中，因为他不知道如何处理远大的理想和具体的身边小事之间的关系，也不知道自己该如何做事才能成功，于是，他去请教他的老师，老师告诉他："最重要的，就是不要去看远方模糊的，而要做手边最具体的事情。"他这才恍然大悟：是啊，不论多么远大的理想，都需要一步步实现啊；不论多么浩大的工程，都需要一砖一瓦垒起来啊。

也就是从那一天开始，威廉斯勒开始埋头读书，两年以后，威廉斯勒以全校最优异的成绩毕业。毕业后来到一家医院做医生。他认真对待每一个患者，对每一次出诊都一丝不苟。兢兢业业的态度和精益求精的精神，使他很快成了当地的名医。几年以后，他创办了约翰·霍普金斯学院。他把自己的人生态度贯彻到每一个细节里。许多专家学者慕名来到他的学院工作，使他的学院很快成为英国乃至世界最知名的医学院。威廉斯勒总是告诉他身边的人：最重要的是把你手边的事情做好，这就足够了。

威廉斯勒为什么能成功？因为他从他的老师的话中悟出，一个人，只有踏实努力、努力充实好每一天，把自己的人生态度贯彻到每一个细节中，由量的积累达到质的飞跃，才能将理想化为现实。

我们再来看下面一个寓言故事：

这天，一只老马带领一群小马去电影院看电影。

"现在，只有十分钟就到电影院。"

又走了二十分钟，这些小马在河边停了下来。奇怪得很，小马们虽然走了近一个小时，却并不觉得怎么疲惫。

老马给他们解释为什么不疲惫的原因。

“今天所走的路，你可以常常记在心里。这是生活艺术的一个教训。你与你的目标无论有多遥远的距离，都不要担心。把你的精神集中在十分钟内的距离，别让那遥远的未来令你烦闷。”

将“精神集中在十分钟内的距离”，多么睿智的解释。然而这也是很多、人目前最缺乏的。他们往往将目标着眼于大处，而常常忽略了小的问题。一座建筑是由一砖一瓦砌成的，或许一砖一瓦本身显得并不怎么重要，但是缺少了它们，高楼如何建起？同样的道理，成功者的一生都是由无数个看上去微不足道的小方面构成的。

很多时候，美好的憧憬总会若隐若现地给人以幻觉，让他们觉得自己离它很近，只要完成几小步的跨越就可以到达。但其实不然，现实的境地不并会因你的想象而变得容易。

不重视眼前的实际，身处“这山望着那山高”的境地时，那表示他忘记了理想必须扎根在现实的土壤上，结果只能被理想和现实同时抛弃。你在人生的过程中会看到许多山峰，但你不可能翻越每一座山峰，得到所有美好的东西。命运对任何人都是公平的，当你为没有得到而苦恼时，还是仔细想一下自己将会失去什么吧！

着眼于眼前，就需要我们不仅懂得“收心”，更要“收回思维”，思维走得太远，心和行动跟不上，再伟大的梦想也会成为泡影。因此，我们要重视当下工作中的每一件小事、每一个细节，事情天天在做，但真正把事情做好、做到位的却还有一段距离。小事做不了，何以成大事？在诸多工作中出现的问题，恰恰是这些细节、小事的不到位，思想上的一点点马虎，执行上的一点点疏忽大意，而导致结果上出现很大的

差异。有的工作已经做好一大半，有的甚至做到了99%，就差1%，但就是这点细微的区别使他们在事业上很难取得突破和成功。

生命中的大事皆由小事累积而成，没有小事的累积，也就成就不了大事。只有了解了这一点，我们才会开始关注那些以往认为无关紧要的小事，开始培养自己做事一丝不苟的美德，养成做事不打折扣、不留尾巴的习惯，养成做事少出差错甚至不出差错的习惯。

一位父亲告诫他的孩子说：

“无论你以后做什么样的工作，都要做到一丝不苟、认认真真、全力以赴。要是你能做到这一点，你就不必担忧自己没有好前途。你看这世界上，到处都是散漫、粗心的人，做事善始善终的人是供不应求、深受欢迎的，只有认认真真做事的人才是未来竞争的成功者。”

这位父亲的话是有道理的，一个人的成功并不在于他在做什么，而在于他有没有做到最好、做到位。成功者之所以成功，就是因为他们具备一个品质，专注于一件事并追求极致。因此，我们在学习、生活和工作中应该以更高的标准要求自己，能做到更好，就必须做到更好，能完成百分之百，就绝不只做百分之九十九。

当然，专注于手头的事、过好每一天，并不是说我们要做工作狂，相反，我们更要懂得劳逸结合，学会享受生活。

任何一个渴望成功的人，都必须学会沉下心来进入自己的世界，越早进入就意味着越早地步入事业的轨道。因此，动用你的全部智慧吧，把自己的工作做得比别人更完美、更快捷、更准确、更专注、更出色，你就能实现你心中的愿望，你就能成就你远大的理想。

目标管理，源于不懈的坚持

古人云：“有志者，事竟成，百二秦关终属楚；苦心人，天不负，三千越甲可吞吴。”这句话的意思就是，只要我们坚持到底，无论梦想多大，都有实现的可能。我们常常发现有许多人在做事最初都能保持旺盛的斗志，然而，随着遇到的挫折的增多，他们变得懈怠，热情也退却了，最终放弃了希望，失去了自己应有的成功。

的确。某些看起来平凡的、不起眼的工作，只要我们能坚韧不拔地去做，坚持不懈地去做，那么，这种持续的力量就能帮助我们获得事业的成功。

当然，在坚持的过程中，你可能也会遇到一些压力和困难，但我们要明白的是，此时你更应该有超强的自控力，再坚持一下，也许转机就在下一秒。这正如巴甫洛夫曾所说的：“如果我坚持什么，就是用炮也不能打倒我！”

老亨利是一家大公司的董事长，他是个和蔼的老人。有一次，产品设计部的经理汤姆向老亨利汇报说：“董事长，这次设计又失败了，我看还是别再搞了，都已经第九次了。”汤姆皱着眉头，神情非常沮丧。

“汤姆，你听我说，我让你来设计，就相信你能成功。来，我给你讲个故事。”老亨利吸了一口雪茄，开始讲起来：“我也是个苦孩子，从小没受过什么正式教育。但是，我不甘心，一直在努力，终于在我31岁那年，我发明了一种新型的节能灯，这在当时可是个不小的轰动呢！但是，我是个穷光蛋，要进一步完善需要一大笔资金。我好不容易说服了一个私人银行家，他答应给我投资。可我这种新型节能灯刚一投放市场，其他灯的销路就被阻断了，所以就有人暗中阻挠我成功。可谁也没

想到，就在我要与银行家签约的时候，我突然得了胆囊炎，住进了医院，大夫说必须马上做手术，否则就会有危险。那些灯厂的老板知道我得病了，就开始报纸上大造舆论，说我得的是绝症，骗取银行的钱来治病。结果，那位银行家不准备投资了。更严重的是，有一家机构也正在加紧研制这种节能灯，如果他们抢在我前头，我就完蛋了！我躺在病床上简直是万分焦急，最后只能铤而走险，不做手术，如期地与那位银行家见面。

“见面前，我让大夫给我打了镇痛药。和银行家见面后，我忍住剧烈的疼痛，装作没事似的，和银行家谈笑风生。但时间一长，药劲儿过去了，我的肚子就像刀割一样疼，后背的衬衣也让汗水湿透了。可我仍然咬紧牙关，继续周旋。我当时心里就只剩下一个念头：再坚持一下，成功与失败就在能不能挺住这一会儿！病痛终于在我强大的意志力下低头了，最后我终于取得了银行家的信任，签了合约。我在送他到电梯口时脸上还带着微笑，并挥手向他告别。但电梯门刚一关上，我就扑通一下倒在地上，失去了知觉。提前在隔壁等我的医生马上冲过来，用担架将我抬走。后来据医生说，我的胆囊当时已经积脓，相当危险。知道内情的人无不佩服我这种精神。我呢，就靠着这种精神一步步走到现在。”

汤姆被老亨利的故事感动了，他感到万分惭愧。和董事长相比，自己遇到的这点压力算什么呢？

“董事长，您的故事让我非常感动，从您身上我真正体会到了再坚持一下的精神。我非常感谢您给我的鼓励和提醒。我回去再重新设计，不成功，誓不罢休。”汤姆挺着胸，攥着拳，脸涨得通红，说话的声音有些颤抖。

事实是最好的证明，在试验进行到第十二次的时候，汤姆终于取得

了成功。

任何人、任何事情的成功，固然有很多方法，但最根本的就是需要坚持。不管遇到什么困难，只有风雨无阻的坚持并相信自己能成功，就一定能迎来曙光、迎来成功。老亨利和汤姆的成功就是最好的证明。而相反，如果我们老在前进的道路上给自己设置重重的心理障碍，如果总是让自己刚迈出的脚步又退回原点，那么又如何战胜压力走向终点呢？唯有抱着一种不怕输、不认输的精神，有一种失败后再坚持一下的勇气，那么最终肯定能获得成就。

现实生活中，有这样一些人，他们早已为自己树立了人生目标，并告诉自己，一定要实现自己的目标。而随着时间的推移，他们发现，实现目标是如此需要努力和恒心的一件事，目标也实在遥远，而这样，是不可能收获胜利的果实的。现实案例告诉我们，百分之九十的失败者其实不是被打败，而是自己放弃了成功的希望。因此，我们需要记住的是，无论遇到什么，我们都要有自控力，都要咬紧牙关，不要放弃最后的努力。因为成功与不成功之间的距离，并不是一道巨大的鸿沟，它们之间的差别只在于是否能够坚持下去。

也许，现在的你可能正在从事一项繁琐的工作，你感受到了前所未有的压力，感觉到自己的前途渺茫，但请你记住，这才是人生的精彩之处。反而，如果一个人，他的一生太幸运了，太安逸了，远离了压力的考验，反而会变得毫无追求，苍白暗淡。一旦你失去了必要的压力，就会驻足不前，那么你就等于失去了成功的基石，有一天你会发现自己身后只剩一片悬崖。因此，你要面对现实工作给自己带来的压力，不要总是想着给自己减压，还可适当给自己加压。因为压力是孕育成功的土壤，只有在沉重的现实面前，压力才能将潜能激发出来。而当你无法摆

脱压力时，就应该反复对自己说：“感谢生命之中的压力，这是生活对我的挑战和考验。”“这是上天催促我努力学习、积极工作、奋发向上的动力。”换个角度去看问题，改变态度，困难和压力也会很快减轻。

事实证明，任何一个取得成功的人，都付出了超乎常人的努力。一个人要想获得人生的幸福，那么每一天都应该勤奋工作。付出不亚于任何人的努力是一个长期的过程，只要坚持就一定能够获得不可思议的成就。

克制内心，始终保持专注

专注力，是成功的第一要素。无论是个人，还是企业，只有保持一种高度的专注力，才能以充沛的精力启动自己的梦想。但如何才能保持专注呢？其实，只要你下定决心，排除一切干扰，肯定可以做到。请相信专注的力量，因为你的成功将缘于此，失败也缘于此。当然，很多时候，我们在专注于一件事时，常常会出现一些“意外状态”，此时就更需要我们控制自己，保持住专注的思维和心理，具体来说，这些“意外状态”包括：

1.懒惰

要想知道一个人的成就有多大，不光要看他所获得的荣誉和知名度，而要着重了解他在成功之前究竟流过了多少汗、克服了多少困难、花费了多少心血。准确地说就是看他到底有多勤奋。要知道，曾经有过失败的人或许是勤奋的，但最终获得成功的人绝不是懒惰的！

不得不承认，很多时候，我们身体里懒惰的虫子会经常侵蚀我们，此时，我们就需要用勤奋来克服。我们可能不曾了解的是：从科学的角度看，勤奋可以反复地刺激人类的脑细胞，而且勤奋还可以提高头脑的灵活性，使人变得更加聪慧灵敏。生活中一些天资较差的人，往往都会因为勤奋而让自己变得机敏起来。

比如，在追求学业的过程中，为什么有些人的成绩名列前茅，而有些人却名落孙山呢？答案就是勤奋与否的区别。可能很多人都对自己还没有全面的认识，甚至有一些人会因为不够优秀、外貌上的一些不足而感到自卑。但你们没发现，如果你足够勤奋、做足准备的话，那么，你也是优秀的。正如人们常说“没有十年寒窗苦，怎有金榜题名乐？”如果你能静下心来勤奋学习，那么，你的汗水总会收到成效。

爱因斯坦小时候，是被大家公认的笨蛋，无论是同学还是老师都认为他笨的无可救药了，但爱因斯坦却没有认为自己笨，并且，他最终用勤奋证明了这一点。

一次，老师给大家上手工课，其他同学都交给老师自己做的精美的作品，而爱因斯坦交给老师的，却是一个做工粗糙的小木凳子，大家一看，都不忍笑出声来，都认为这无疑是世界上最糟糕的东西了。而就在此时，爱因斯坦却拿出了两个比这个更加糟糕的小凳子，这时，老师和同学们惊呆了，也由此改变了对他的看法。

这次事件证明了爱因斯坦的勤奋，从此，他的同学们和老师对他产生了新的认识。而长大后的他更是异常的勤奋，一天24小时的大部分时间，他都是在实验室度过的。别人学习时，他在学习，别人玩耍时，他还在学习，甚至别人休息时，他依然在不停地学习、钻研。经过多年的努力，爱因斯坦最终以“相对论”而闻名于世。

“勤能补拙”这句话用在爱因斯坦身上再合适不过了。爱因斯坦之

所以能取得伟大的成就，主要就是因为他的勤奋，是因为他符合时代的要求，不断探索，敢于创新。

2.诱惑

现实生活是一个处处充满诱惑，时时会有外来干扰的世界，要维持长时间的、集中的注意力，必须具备一定的自我控制能力。所以，从某种意义上说，良好的专注力是稳定而集中的注意力和自制力的结合。

要抵御诱惑，需要我们在努力中保持一份平常心，这样，我们就能对外界的“花花绿绿”“流光溢彩”不生非分之心，不做越轨之事，不做虚幻之梦。

3.自卑

马克思说：“自暴自弃，这是一条永远腐蚀和啃噬着心灵的毒蛇，它吸走心灵的新鲜血液，并在其中注入厌世和绝望的毒汁。”自信心的确具有无可比拟的重要作用，许多人之所以失败，不是因为失败打败了他们，而是他们自己打败了自己，失败后的自卑心使得他们不敢争取，他们让自己陷入了自卑的情绪之中。这正如莎士比亚所说：“假使我们自己将自己比作泥土，那就真要成为别人践踏的东西了。”如果你认为你会失败，那你就已经失败了。

4.无精力

许多缺乏雄心壮志的人心智活动会比较迟缓。他们虽然稳定、有耐心，而且似乎有很好的自制力，但这并不表示他们有专注力。这种人容易怠惰、不活泼、迟缓、无精打采，因为他们精力不足；他们不会失去控制，因为他们根本没有力量失控；他们没有脾气，所以也不可能受到困扰；他们的举止稳定，因为他们缺乏精力。而有专注力的人内心是坚强的，精力充沛、强而有力，能够有效地控制他们的思想与身体动作。

人如果身、心双方面都缺乏精力，就必须善加培养。如果一个人没办法控制精力，而且无法保持专一，那么他也必须善加练习。一个人或许非常精明干练，但除非他“愿意”去控制他的才能，否则精明干练对他一点好处也没有。

5.缺乏责任心

国内某企业老总曾回忆到：“在我手下工作的一个工程师很负责任，曾经有一次，他为了拍好项目的全景，徒步走了两公里，爬到一座山顶去拍，将很多景观拍的都很到位，其实在楼上就可以拍到的。当时我问他为什么要这么辛苦，他的回答是：‘回去董事会成员会向我提问，我要把这整个项目的情况，尽可能完整地告诉他们才算完成任务，不然就是工作没做到位。’”

戴尔·卡耐基曾经根据很多年轻人失败的经验得出一个结论：“一些人事业失败的一个根本原因，就是精力分散，不能专注于工作”。事实的确如此，他们失败的原因就是他们没有将目标集中在一个方向上。综观古今中外，曾涌现出无数个令人敬佩的有名人士，他们并非一生下来就掌握某种本领或拥有异于常人的智慧，但是最终，他们却都得到了人生的馈赠，之所以那些名人会如此幸运，并不是因为上天的眷顾，而是因为他们有一种难能可贵的精神，那就是始终保持专注。

第09章

做行为的管理者，别陷入拖延的恶性循环中

行为的可控性，往往会使一个人更趋向于自控。诸如懒惰行为、拖延行为等等，一个人应该做行为的管理者，别总是陷入拖延的恶性循环中。只有管理好了自身行为，才会有效提升个人自控力。

明日复明日，明日已不多

生活中，很多人在做事时总是拖延，拖延缴纳水电费、推迟约会、为未完成的工作任务找借口等，当你问他时，他的回答是："急什么，时间还多着呢。"在他们看来，任何事情都可以放到明天：他想减肥，但他刚才又吃了一块蛋糕，他认为从明天开始减肥也无妨；他想花一个晚上的时间来学习一段音乐简谱，但却经不住朋友的诱惑去喝了几杯，他觉得还是明天再看吧；他想去学驾驶，但还是担心自己操作不好，还是明天再说吧……明天永远是一个有希望的日子，我们不想立即做的事，都可以放到明天，然而，"明日复明日，明日何其多"，我们就这样在期望明天的状态下浪费了生命和光阴，而我们原本糟糕的状况丝毫未曾改变。

我们先来假设一下，有两个年轻人，他们能力不相上下，也都一无所有，一个年轻人目标明确，总是积极向上、每天干劲十足、努力充实自己；另外一个年轻人，他目标模糊、满足于现状、每天浑浑噩噩、得过且过，想象一下，五年后，他们会有什么不同?

的确，尽管只是五年的时间，他们的差距已经显现出来了，前者通过自己的奋斗，已经小有财富，做人办事顺风顺水，事业越做越大、春风得意；而后者，稍微遇到一些问题，便慨叹自己解决不了，每天活在抱怨中，常常为生计、金钱而苦恼。

这两种人，你想做哪种？当然是第一种！但前提是你要克服拖延的坏习惯，然后为自己找到一个准确的定位，而不是得过且过，浪费时间。

其实，我们没有意识到的是，把努力寻求改变的想法推迟到明天是一种逃避，我们在逃避那些需要我们努力付出才会有成果的事，然后还抱着船到桥头自然直的侥幸心理，为了避免内心不安，我们还会给自己寻找太多的借口，比如：今天实在太忙了，我太累了，等等。

生活中的每个人，要想在日后有所成就，就必须先破除拖延的坏习惯，养成立即行动的好习惯。绝不拖延，首先是一个态度问题，只要你坚持采取这种态度，久而久之就形成了一种习惯，最后，如果你再将这种习惯融入到你的生活中，你就形成了某种优秀的品质。好习惯的形成和坏习惯的破除一样都需要一段时间，都需要一个过程，你只需要做到每天进步一点点，持之以恒，水滴石穿，你也必将能成就自我。反过来，每天拖延一点点，你就会越发懒惰，久而久之，后悔晚矣。明代大学士文嘉曾写过一首著名的《明日歌》：“明日复明日，明日何其多，我生待明日，万事成蹉跎。世人若被明日累，春去秋来老将至……”这正是对做事拖延的真实写照。

有人说天下最悲哀的一句话就是：我当时真应该那么做却没有那么做。每天都可以听到有人说：“如果我在那时开始那笔生意，早就发财了！”或“我早就料到了，我好后悔当时没有做！”一个好创意如果胎死腹中，真的会叫人叹息不已，感到遗憾，如果真的彻底施行，当然也会带来无限的满足。

那么，该怎样克服拖延的坏习惯呢？以下几点可供我们参考：

1.承认自己有拖延的习惯，并愿意克服它

这是一切的前提。只有正视问题才能解决问题。

2.看是不是因恐惧而不敢动手

害怕失败而迟迟不敢动手，这是爱拖延的一大原因。如果是这个原因，克服的方法是强迫自己做，假想我这事就非做不可，这样你终会惊讶事情竟然做好了。

3.严格的要求自己，磨炼你的毅力

意志薄弱的人常爱拖延。磨炼意志力不妨从简单的事情做起，每天坚持做一种简单的事，例如写日记。

4.做好计划，要求自己严格的按计划办事

5.严防掉进借口的陷阱

例如“时间还早”，“现在做已经太迟了”，“准备工作还没有做好”，“这件事做完了又会给我其他的事”等等，不一而足。

6.避免做了一半就停下来

这样很容易让人对事情产生厌烦感。应该做到告一段落再停下来，会给你带来一定的成就感，促使你对事情感兴趣。

别再拖延了！我们要记住的是，任何美好的愿望只有在克服拖延的习惯的前提下才有实现的可能。要知道，拖延是一种习惯，立即行动也是一种习惯，不好的习惯一定要用好的习惯来代替。如果拖延的事情迟早要做，为什么要等一下再做？也许等一下就会付出更大的代价。那么，现在我们来问问自己，在日常生活中，有哪些事情是你最喜欢拖延的，现在就要下决心将它改变。不管你现在要做什么事，请你不要拖延，立即行动。这样就能变被动为主动，抓住机会，把事情做得更好。

如果你梦想成为知识专家，那就立刻看看自己适合于研究什么专业，立刻分析现在社会的前沿信息是什么，立刻专心于读书学习，选书目、定方向、写笔记，立刻开始阅读，不要拖延时间；如果梦想成为一

流的营销员，成为亿万富翁，那就立刻开始研究产品、市场、人脉、营销，立刻拿起电话，立刻买上车票，立刻奔赴营销第一线；如果梦想成为政治家，那就立刻学会演讲、学会写作、学会协调，立刻研究人脉、研究社会、研究管理……

拖延带来的只是最劣质的快感

我们在工作中，常常听到一些领导者鼓励下属："有压力，才会有动力。"诚然，某些压力下，人们能挖掘自身潜力，但如果你是一名拖延者，你绝不能以此作为拖延的理由。你可能会以为，将工作拖至最后、在剩下几个小时的时间内加班能聚精会神，效率非常好，你认为这是一件非常刺激的事，但你最后完成的工作成果真的让你感到满意吗？你也真的能在规定时间内完成吗？万一出现突发状况怎么办？

美国特拉华州大学的心理学家在研究人们产生拖延心理的原因时，提出了一个名词——寻求刺激，他们认为一些人，会享受拖延带来的劣质快感，这些人喜欢在高压下做事，每当他们肾上腺素上升的时候，他们感觉十分刺激，那事实又是如何呢？这些人根本不可能很好的完成任务。

的确，似乎这些人们真正享受的并不是集中精神工作的快感，而是在剩余不多的时间内的焦虑感，他们并没有把自身内在的潜力逼出来，只是通常会草草结束手上的工作。

事实上，无论是谁，如果不改掉拖延的毛病，我们都必须要承受一定的代价。所以，为何不立即动手、踏踏实实地工作呢？如果你能现在就办，相信你享受的才是充实的快乐。

米勒是一家外企的市场部经理，他的工作直接或间接地受到市场部门乃至全公司的人的影响，他总是忙得不可开交，想找点时间度假非常困难，可是他的工作却从来也没有干完过。他因此接受了一位效率专家的建议，从此，他的时间变得宽裕多了。

米勒说："现在我不再加班工作了。我每周工作50~55个小时的日子已经一去不复返，也不用把工作带回家做了。我在较少的时间里做完了更多的工作。按保守的说法，我每天完成与过去同样的任务后还能节余一个小时。

对我有极大帮助的另一点是'现在就办'的概念。我使用的最重要方法是制订每天工作计划。现在我根据各种事情的重要性安排工作顺序。

我有意识地尽力克服工作上的拖拉现象。首先完成第一号事项，然后再去进行第二号事项。过去则不是这样，我那时往往将重要事项延至有空的时候去做。我没有认识到次要的事项竟占用了我的全部时间。现在我把次要事项都放在最后处理，即使这些事情完不成我也不用担忧。我感到非常满意，同时，我能够按时下班而不会心中感到不安。"

米勒的时间管理方案是有效的，而根据他的说法，他节省时间的方法就是立即处理，拒绝拖延。

人类的天性中有很多缺点，成功者之所以成功，就是因为他们多半能克服这些缺点，反之则沦为平庸者。当然，任何习惯的改变都相当的困难，它意味着不适与缺陷。这些不好的天性中，就包括拖延。由于拖延而造成不良后果的事件很多，你是不是常有这样的经历：某天，你因为拖延必须加班，你认为自己的策划案充满创意，第二天，你将做的自以为完美的工作交上去，谁知道被领导一顿痛批，于是，你只好重新来

过；周一早上，你到很晚才起来，于是，你急匆匆吃完早饭，拿起公文包就往公司赶，到了公司才发现，原来一份重要的文件落在了家；身为学生的你，每周末总是到晚上才开始准备周一要交的作业，结果因为时间不够只好抄袭其他人的，你的学习成绩也总是不能提高……在这些反反复复的过程中，你失去的是什么？是宝贵的时间！

我们再来做个假设，每天早上，我们早起一个小时，安排好一天的工作和生活，吃个早饭，锻炼好身体，精神抖擞地去上班，你会发现，你充满了精力，即便平时看起来难做的工作，好像也变得轻松了许多。认真工作的结果就是，你节省了时间，得到上级和同事的信任。与匆匆忙忙、一团糟的生活相比，你更倾向于哪种？

拖延的毛病容易给人带来麻烦，不但影响你的学习成绩，升学考试、就业升职，还有可能给人们的生活带来不幸，但最直接就是浪费时间，耗费生命，同一件事，拖延者所花费的时间远比立即行动者多得多。拖延从表面上看似乎不是什么大毛病，但若不及时纠正，将直接影响到我们的一生。

一位父亲告诫他的孩子说："无论你以后做什么样的工作，都要做到勤奋努力、全力以赴。要是你能做到这一点，你就不必担忧自己没有好前途。你看这世界上，到处都是散漫、粗心的人，做事善始善终的人是供不应求、深受欢迎的，只有认认真真做事的人才是未来竞争的成功者。"

这位父亲的话是有道理的，一个人的成功并不在于他在做什么，而在于他有没有做到最好、做到位。成功者之所以成功，就是因为他们具备一个品质，比别人起得早、睡得晚。因此，我们在学习、生活和工作中应该以更高的标准要求自己，比别人先着手，就赢得了更多的时间。

所以，任何一个企图从拖延中获得快感的人都要认清一点：做任何事都没有捷径！学习一下那些本本分分工作的人吧，不迟到、不早退、不磨洋工，上班了立即动手做事，下班了踏踏实实享受快乐，这样的生活，虽然看起来并不刺激，但却能抓住踏踏实实、稳重的幸福，长此以往，你的能力也会获得质的提升。

20世纪80年代，有这样一个工人，他初中学历，他的上司总是对他说："这事要这么做"，无论上司说什么，他总是一一记下，生怕漏了什么。每天，他的话都不多，总是埋着头在做他自己的事，双手粘黑，额头流汗。无论上司布置什么任务，他都日复一日，不厌其烦地认真完成。在工厂里他毫不显眼，一直默默无闻，但从无牢骚，也从无怨言，兢兢业业，孜孜不倦，持续从事着简单而枯燥的工作。

20年后，当曾经那位工厂的领导再次回到厂子与他见面时大吃一惊，当初那么默默无闻、只是踏踏实实从事简单枯燥工作的人，居然当上了事业部长。关键是，令领导惊奇的不仅是他的职位，而且从言谈中他体会到，这位工人已经是一个颇有人格魅力，且很有见识的优秀的领导。"取得今天这样的成就，你很棒！"

这位工人看上去毫不起眼，只是认认真真、孜孜不倦、持续努力地工作。但正是这种坚持，使他从平凡变成了非凡，这就是坚持的力量，是踏实认真、不骄不躁、不懈努力的结果。

想要杜绝拖延，一定要摒弃完美主义

生活中，我们常常听到身边的人说："做人，别指望所有人都会喜欢你。"其实，这句话也可以运用到我们的工作中，也就是说，要想

高效率地做事、不拖延，我们就不要试图把每件事的细枝末节都做到完美。时间是绝对有限的资源，你选择了做某件事情，就隐含了你放弃做别的事情。“做别的事情”就是你的“机会成本”。所以，我们做事情的标准，不是“某件事有没有意义”，而是“某件事是不是最有意义”。

小刘因为工作努力，年纪轻轻就当上了一家食品公司的车间主任。从事这个行业以来，他一直兢兢业业，也深受上级领导的赏识和信任，但他也有自己的苦恼：身为车间主任，原本他的工作是管理工人，但实际上，很多时候，面对工人们的懒惰，他实在无法管理。

比如，上个星期一，他要去外地出差，临走之前，他交代员工要将客户催紧的一批货赶出来，并且要严把质量关。

小刘主任心想，在他回来之前这批货应该能出厂了。但情况再一次出乎他的意料，当他回到公司以后，发现这些工人们不但没有赶工，反倒忙自己的事情去了。气急了的他问员工小王：“我交代你的事情你做好了吗？怎么有时间玩手机？”

“是吗？这批食品不一直都是A组负责吗？”小王很诧异地回答道。

小刘又找A组的小秦，没想到小秦的回答是：“您出门之前不是找了B组的人谈话吗？”

此时的小刘已经什么都不想说了，现在他能做的，就是拖着疲惫的身体替员工干活。

小刘在工作中出现了什么问题？他是一名管理者，他的工作重心应该是管理，而不是亲力亲为去做下属的工作。

许多人都已经意识到了完美主义给自己带来的困扰，然而他们却不敢面对这个问题。他们怕因小失大，造成错误。于是，他们迟迟不敢动手，总是希望能将计划做的天衣无缝，总是认为能将所有的事处理好，殊不知，时间就这样被白白浪费了。

真正懂得高效率做事的人，一定是懂得如何舍弃的人。被我们羡慕的那些成功者们其实都不是神通广大的人，他们也不可能做到“一心几用”。摒弃完美主义，我们必须要掌握一个原则——确保自己永远在做最重要的事。事实上，从宏观角度看，能为我们省去很多不必要的麻烦，也绝不会有太大的风险。这样工作就进行得快多了。

确保自己一直都在做最重要的事情，实际上也就是确保了自己的时间一直都在被高效的利用。对此，有以下几条建议：

1.记录时间损耗

要提高职场工作的有效性，第一步就是记录其时间耗用的实际情形。事实上，许多企业的管理者都经常保持这样的一份时间记录，每月定期拿出来检讨。至少，有效的管理者往往以连续三四个星期为一个时段，每天记录，一年内记录两三个时段。有了时间耗用的记录样本，他们便能自行检讨了。

2.要专注，也就是说“一次仅做一件任务”

在中国大多数公司，人们越来越忙碌。尤其是那些高层领导者，其忙碌的情况简直不可思议！除了众多的出差外，就是数不清的会议，工作负担越来越重，但结果却都是毫无贡献的居多。当然真正有生产力的也有，只是寥寥无几而已。其实，仔细分析原因，我们会发现，他们同时专注的事情太多了，什么都想做，什么都想管，结果什么都做不好。因此，你若要想提高工作效率，就应该从本质上消除“兼顾”的想法，一次仅做一件任务。

3.学会舍弃一些不必做的事

将时间记录拿出来，逐项逐项地问："这件事如果不做，会有什么后果？"如果认为"不会有任何影响"，那么这件事便该立刻取消。

然而许多大忙人，天天在做一些他们觉得难以割舍的事，比如应邀讲演、参加宴会、担任委员和列席指导之类，不知占去了他们多少时间。其实，对付这类事情，只要审度一下对于组织有无贡献，对于他本人有无贡献，或是对于对方的组织有无贡献。如果都没有，完全可以谢绝。

总之，我们要想提高工作效率、杜绝拖延的话，就一定要摒弃完美主义。你要找出什么事根本不必做，这些事做了也完全是浪费时间，无助于成果。

把不喜欢的事变成喜欢的

每个人都有拖延症，尤其是对于自己不想做的事情，人们更容易被拖延症困扰。实际上，这是因为人们的潜意识导致的。试想，每个人的本性都是趋利避害，人们自然而然地愿意做自己喜欢做的事情，而惧怕做自己不想做的事情。由此一来，拖延应运而生。举个最简单的例子，对于几岁的孩童而言，如果你让他去游乐场玩，他一定会马上放下手里的事情蹦蹦跳跳地出门。相反，如果你总是叮嘱他写作业、练钢琴，他的效率则就会明显降低，甚至磨磨蹭蹭地不愿意马上去写作业或者练琴。这就是人的本性。小的孩子不会掩饰，因而他们的行动总是最真实地表达了他们内心的想法。

随着年龄的渐渐增大，成人身上也依然存在拖延现象。例如一个女孩被父母催促着去相亲，但是心里很抗拒，因为就不愿意在预定的时间到达。相反，假如是去巴黎时装周，她一定会迫不及待，欢呼雀跃。由此可见，不管是对于孩子还是对于成人，我们要想戒除他们的拖延症，首先要做的就是消除他们心底的抗拒。唯有把不喜欢做的事情变成喜欢的，人们才会对其趋之若鹜。

遗憾的是，不管是在生活中还是在工作中，总有些事情是我们不想面对的，也是排斥去做的。然而，如果这些事情不涉及到原则性问题，而且也是我们非做不可的，那我们也必须勉为其难地去做。在这种情况下，感情上的喜好退居二线，理智占据上风，我们只能从理智的角度来说服自己，即使勉为其难，也要认真努力地把事情做完。其实，当我们因为心底的抗拒而拖延时，不但会浪费宝贵的时间，还会降低工作的效率，给我们带来的损失是双倍的。那么，如何才能消除拖延症的诱发因素呢？心理学家从心理学的角度研究发现，缺乏自信是人们拖延的普遍原因。因为曾经遭遇过失败的挫折，因而很多人都变得缺乏自信。为此，他们情不自禁地否定自己，甚至变得裹足不前，不敢再轻易尝试。要想消除这样的拖延因素，首先要做的就是恢复自信。任何人做任何事情，自信都是必要的成功条件之一。还有些人的拖延是与生俱来的，他们总是慵懒散漫，即便对待工作，也无法做到严肃认真。这是因为他们的性格就很散慢，再加上没有紧迫感，因而表现出拖延症的症状。对于这种性格特征的人，往往需要他人以外力推动，这样才能促使他们不停地前进。总而言之，我们必须消除心底各种原因导致的抗拒，才能彻底戒除拖延症。

大学毕业后，雅娟因为韩语好，所以进入一家专门针对韩国进行

出口贸易的公司工作。原本，雅娟大学时选择的韩语专业，是个冷门专业，没想到她如今却顺利成为高级白领，做着人人羡慕的工作。对此，雅娟自己也沾沾自喜，毕竟好工作不是那么容易找到的。这不，她明天又要跟随老板去韩国出差。在这个大家都趋之若鹜去韩国旅游的年代，雅娟借着每次出差的机会都快把韩国逛遍了。

原本，老板安排雅娟把谈判方案翻译成韩文，以便与韩国公司谈判。然而，雅娟头一天晚上因为和朋友聚会熬到很晚，所以没有完成工作，而是准备到飞机上再翻译。不想，次日清晨在机场见面之后，老板一见到雅娟就问："我要的韩文谈判稿准备好了吗？"雅娟半晌都不知道如何回答，只好结结巴巴地说："还没有呢。不过您放心，我在飞机上就能做好的。我昨晚有点事情，没有熬夜完成。"老板不高兴地说："你倒是挺会安排时间，我原计划利用飞机上的时间和对方公司的代表针对方案进行沟通呢！现在因为你的工作没有按时完成，我只能在飞机上闭目养神啦！"看到老板不高兴的样子，雅娟后悔不已。其实，昨晚她原本可以拒绝朋友的邀请，认真地完成工作，但是因为她总觉得自己韩语水平很高，因而对工作怀着轻视的态度，也为此付出了代价。

雅娟之所以抗拒工作，就是因为她盲目自信，总觉得一切都在自己的把握中，所以忽略了要未雨绸缪，甚至没有如期完成工作。如果她因此而给老板留下不好的印象，甚至被降职，一定会追悔莫及吧。

为了及时戒除拖延症，我们首先应该为自己制定人生的目标，然后再将其分解成一个个能够在短期内实现的小目标，从而帮助自己更加积极地奔向目标。除此之外，我们还应该树立正确的时间观念，千万不要觉得时间是取之不尽，用之不竭的。当然，为了提高效率，我们还应该避免心神涣散，而要尽力做到集中精力。很多拖延并非是整体拖延，如果在做事情的过程中低效散漫，也是一种形式的拖延。

人生短暂，我们无法决定人生的长度，但却可以尽量拓宽人生的宽度。当你做事精明干练，行动迅捷，你就戒掉了拖延症，而且能够做到全心全意、全力以赴。在这种情况下，和那些无限拖延的人相比，你岂不是多活了吗？！从现在开始，就让我们抛弃杂念，全力以赴吧！

做好目标规划，制定期限

追根溯源，拖延到底是如何形成的呢？有些人是天生慢性子，不管做什么事情都慢条斯理，即使要爆发地震了也毫不心惊胆战。有些人则是因为后天的习惯导致拖延，如果一个人长时间做那些没有规定完成期限的事情，他们就会渐渐习惯无限地拖延下去。长此以往，拖延就变成习惯，人们甚至对此无知无觉。由此可见，要想防患于未然，让自己避免拖延，就要未雨绸缪，提前为很多事情做好规划，制定期限。如此一来，我们的心里就会产生紧张感，从而督促自己按时按量地完成工作。

很多时候，我们能否顺利完成一件事情，外因只占很少的部分，大部分都取决于我们的内心，诸如勇气、意志力，等等。有些意志力薄弱的人，做事情常常半途而废，这是比拖延更可怕的。相反，意志力坚定的人，总会给自己制定一个短期的目标，哪怕只是临时决定要做一件事情，他们也会目标明确，勇往直前。实际上，仅从字面意思来理解，拖延就意味着无法完成任务，难以达成目标。因而，拖延并非我们想的那样无关紧要，不管在生活中还是在工作中，一旦拖延导致严重的后果，就会给我们带来无穷无尽的烦恼。趁着拖延还没有造成恶果，我们应该及时为自己设定期限，从而给自己设置目标，形成紧张感和局促感。人们常说，有志者立志长，无志者常立志。因而在给自己设定目标和规划期限时，应该注意实际的执行情况。千万不要一旦遇到些许困难，就马上放宽条件，导致自己无法坚持下去，使辛辛苦苦制定的规则付诸东流。很多事情都是贵在坚持的，因为很多想法即使再好，如果无法付诸实践，也是空中楼阁、镜中水月。

作为一名自由职业者，艾迪总是备受拖延症的煎熬。因为没有在公司工作的条条框框束缚，所以艾迪刚刚从全职工作者变成自由职业者时，非常享受这种自由自在，一切随心所欲的生活。然而，好景不长，艾迪发现自己根本无法像最初设想的那样，上午睡懒觉、逛街，下午和晚上工作挣钱。因为艾迪总是有各种各样的理由推迟工作，比如与好友约会，甚至只是在微信上和朋友聊天。就这样，一个多月过去了，艾迪只挣到一千多元钱，这与她之前的目标月薪过万元、尽情享受相差甚远。

怎么办？继续奔波找工作吗，显然艾迪不想去。那么如何才能让自由工作效率更高，而且时间也有保障呢？思来想去，艾迪想到了一个很好的办法，那就是规定工作时间，而且规定每天的工作量，换言之，就是她规定了自己每天要挣到多少钱。

第一天开始实施自由工作计划时，艾迪非常痛苦。因为她正与朋友聊得高兴呢，结果闹铃响了，她该工作了。后来，在她接到朋友想要一起用餐的电话时，又发现自己因为效率低下，整个下午只完成了一半的工作，靠着吃完饭回家熬夜加班显然是行不通的。左思右想之后，艾迪狠心地拒绝了朋友的邀请，闷头工作。为了避免晚上再有什么活动被工作牵绊，她全神贯注，居然一个小时就完成了下午两个多小时的工作量。一切都圆满完成之后，艾迪长长地舒了一口气，终于可以安心地休息啦。第二天，艾迪依然努力地坚持着，第三天，艾迪已经渐渐习惯了这样的工作模式，最终，艾迪养成了良好的工作习惯，每天不但有充足的时间休息和娱乐，也能保证自己挣到目标的薪资，从而实现真正的小资生活。

虽然有人觉得规划是无用的形式，但是规划能否真正起作用，其实还是在于自己。当你努力地按照预先设定的规则完成任务或者工作，这些规则就是有效的。当你把自己辛辛苦苦制定的规则转眼间就抛之脑后，那么它们就是毫无意义的形式。要想让自己摆脱拖延，我们就必须从现在开始尝试着制定规则，并且给自己规定明确的期限。当你经过最初艰难的遵守，你就会发现自己渐渐爱上了这样的规则和期限，因为它们帮助你更加高效地完成很多事情，也使你有了更多时间心无旁骛地休闲。

很多人之所以拖延，就是因为缺乏意志力。预先制定规则，并且制定明确的时间期限，能够很好地激发我们的意志力，帮助我们排除万难按照预期的目标行进。很多原本让人愉悦的事情，一旦无限期地拖延下去，就会惹人生厌。这是因为当你最初接到任务需要完成时，心里觉得很新鲜，但是一旦你在心里不停地琢磨着这个任务却迟迟不愿意行动，你就会感到无比厌烦，最终觉得这项任务乏味、缺乏意义，甚至觉得它根本没有实现的意义和价值，如此一来，后果可想而知。

快速决定是对抗拖延的好办法

当今世界，机遇是随处可见的，这一点，无论是对于个人还是企

业都是一样的。但是，机遇之所以为机遇，还因为它是转瞬即逝的，因此，如果你也想抓住机遇，那么，你必须要有一个品质，那就是果断。只有当机立断，勇敢去行动，才有可能取得成功；如果一味犹豫不决，瞻前顾后，思前想后，等下定决心的时候就只能看别人的成功了。

因此，我们可以说，再好的决策也经不起拖延。在做出一项正确的决策之前，速度是关键。无论你是一名普通职员还是某些行业内的领跑者，都必须具有迅速做出一项正确决策的能力。思虑太多，会阻碍迅速做出决策。任何一项正确的决策，都是现在做出来的。

不得不说，很多时候，我们常浪费太多时间来预测未来，以致延误了做出决策的时机。我们先来看下面这个故事：

王安博士是华裔电脑名人，在他5岁时，曾有一件影响他一生的事。

一天，他外出玩耍，经过一棵大树时，突然掉到他头上一个鸟巢，从里面滚出了一只嗷嗷待哺的小麻雀。小孩的心是善良的，于是，他决定把它带回去喂养，便连同鸟巢一起带回了家。

走到家门口，忽然想起了妈妈不允许他在家里养小动物。他轻轻地把小麻雀放在门口，急忙进屋去请求妈妈，在他的哀求下妈妈破例答应了儿子。王安兴奋地跑到门口，不料小麻雀已经不见了，一只黑猫在意犹未尽地擦拭着嘴巴。

王安为此伤心了很久。

从此，他记住了一个很大的教训：只要是自己认定的事情，绝不可优柔寡断。犹豫不决固然可以免去一些做错事的机会，但也失去了成功的机遇。

也就是因为他记住了这个教训，所以王安在人生的道路上成就了一番大事业，成为了华裔电脑界的名人……

这只是一件小事，但告诉我们，我们的一次迟疑很可能就延误了行动的最佳时机。行动的天敌就是拖延，停止拖延的最好方法就是马上付诸行动。犹太人占全球的1%，但全球7%的财富在他们手中，因为他们是行动的主人。犹太人做任何事都尽最大的努力，从来不把今天的事留给明天。从不拖延，今日事今日毕。同时，我们做事要坚决果断，这是成功者最为重要的内在素质。

在生活中不论要干什么，都要把握住适当的分寸和尺度，所谓“该出手时就出手”。一旦错过了最好的时机，你可能会一无所得。在两难的抉择中，敢于决断是一个人成功的关键。假如我们面对选择时犹豫不决，无法果断地做出决定，将会一事无成，甚至有可能还会埋下祸根，为自己带来一连串的失败的打击。

这要求我们在决策的时候做到：

1.决策要果断

《论语·子路》里有句话：“言必信，行必果。”意思是说话一定要守信用，做事一定要果断。做每件事的时候必须要说到做到，果断行事。

果断要求一个人有善辨的能力，并能迅速估算情况，然后适时做出决定。诚然，果断要求的是速度，但绝不是武断，具有武断性的人往往懒于思考而轻易做出决定。他们虽然也能快速做出决定，但往往欠缺周全的考虑，因此，他们做出的决定往往是主观的。

2.在抓住机会的同时，也要迅速行动

要成功，除了要抓住机会，还要行动迅速。在机遇面前，千万不可犹豫，只有抓住机会，将构想赋予行动才会有意义，才可以领先对手，抓住机会取得成功。

在2003年年底，TCL收购法国阿尔卡特的手机业务，率先吹响了

“全球规模”的中国企业国际化号角，2004年年底联想又一举吞并了美国IBM公司的全球PC业务，进一步掀起了中国企业“全球规模”国际化高潮。我们把这三个问题拼凑起来，慢慢就看清了事情的全貌：国际化有渐进式的“自我扩张型”国际化，也有跳跃式的“局部规模”购并国际化和飞鸟凌云式的“全球规模”购并国际化。

我们在做任何决策包括实施决策的时候，都不可以优柔寡断、前怕狼后怕虎，决定的事就要勇敢地去做，只有抢先一步做，才可能赢取先机，获得市场！

当然，这种在两难中做出选择的勇气，必须以敏锐的洞察力为基础。如果没有经过思考，没有看清问题，就盲目地做出决断，不但无助于成功，相反却可能会使你损失惨重。要知道，没有经过慎重思考，盲目决定的勇气只是匹夫之勇。你若想成为一名非同凡响的角色，就必须学会在两难的选择中，敢于决断，敢于行动。

总之，现代社会，几乎所有人都想使出浑身解数抓住机遇，因为先机稍纵即逝，速度就成为了获胜的关键因素之一，我们每一个希望获得成功的人都应该将自己训练成为一个果断的人，要做到这点，你就必须解放思想，具备超前的观念和敏锐的眼光。看准了的事，应该雷厉风行、马上就干，不能患得患失、等待观望，更不能纸上谈兵、只说不干。

第10章

做嫉妒的控制者，与其眼红别人不如好好打磨自己

嫉妒，是人的一种原始的欲望，学做嫉妒的控制者，与其眼红别人不如好好打磨自己。一切的机会都掌握在自己手里，别总是埋怨别人，也别总是把过错推到他人身上，也别总是嫉妒别人，有效提升自己，别人自然会嫉妒你，羡慕你。

嫉妒，会让你失去理智

毫无疑问，嫉妒是一种负面情绪，带给人的总是焦虑和伤害。随着嫉妒心理的产生，人们的内心失去宁静，各种负面情绪都接踵而来，诸如恐惧、畏缩、敏感、脆弱、邪恶……这些情绪最终会战胜我们心中的真善美，占据主导地位，由此一来，曾经单纯美好善良的人，也会因此导致心理扭曲，甚至导致生命也扭曲变形。如此一来，还谈何拥有幸福美好的生活呢？可以说，任何一个被嫉妒之心强占的人，都没有幸福和快乐可言。

嫉妒不但会扭曲我们的心灵，还会让我们失去理智，一味地沉浸在嫉妒之中。常言道，一叶障目，不见泰山。被嫉妒心控制的人，总是盲目地羡慕他人，处处否定自己，长此以往，必然失去信心。为了找到对方的破绽或者漏洞，我们甚至还会不遗余力地观察对方。然而，当你真的发现了对方的缺点或者短处，你又有什么办法呢？人贵有自知之明，如此通过找到他人短处的方式战胜他人，是不足取。因为你的胜利仅仅是心理上的一点点优势，一旦再次遇到强大的对手，你马上又会陷入嫉妒的旋涡。实际上，嫉妒他人完全没有必要。在这个世界上，绝对没有两片完全相同的树叶，也绝对没有两个完全相同的人，更绝对没有两个完全相同的人生。与其嫉妒他人的人生，我们不如把更多的关注点集中在自己身上，从而活出属于自己的精彩。等到这个时候，你就无需再去

嫉妒他人，也许他人还会反过来嫉妒你呢！所谓如人饮水冷暖自知，生活对于每个人都是如此。还有位名人说过，鞋子合脚不合脚，只有脚知道。同样的道理，你过得好不好，只有你自己知道。生活中，有太多外表光鲜亮丽、内心苦水无边的人。但愿，你能够摆脱嫉妒，过好自己的生活，永远也不要成为那样的人。

大学时代，杨慧最嫉妒的人就是徐娜。究其原因，就是因为徐娜长得比杨慧漂亮，而且有一个英俊潇洒、努力上进的男朋友，徐娜的男朋友叫杜刚，在曾经的很长一段时间内，杨慧都在暗恋杜刚。甚至，杨慧还委托当时最好的朋友徐娜，去帮她向杜刚表白。不想，杜刚根本不喜欢杨慧，反而在徐娜几次与他谈心的过程中，喜欢上了善解人意的徐娜。

当看到自己信任的好朋友在杜刚的强势追求下，最终成为了杜刚的女朋友，杨慧痛苦极了。然而，一切都已经无可挽回，况且，杜刚也并没有分手。最终，杨慧自己消化了痛苦，却从此对徐娜万分嫉妒。因为嫉妒，杨慧陷入了学习的怪圈。不管是否是自己喜欢的兴趣课程，只要徐娜参加了，杨慧也一定参加；徐娜考过了英语四级，杨慧就不顾一切地考过了英语六级；徐娜把长发剪短了，杨慧就把头发剪得更短……总而言之，杨慧想要从各个方面都超过徐娜，却在不知不觉中模仿着徐娜。在这样的煎熬中，杨慧终于等到了大学毕业的日子，原本父亲已经为她联系了一份很好的工作，但是她却因为徐娜留校了，也非要父亲想方设法帮助她留校。为此，父亲不得不四处托关系，找熟人，才帮她在大学校园里找到了一个辅导员的工作。妈妈不理解杨慧为什么要这样，经过再三询问，才得知真正的原因，妈妈感慨地说：“你呀，真是个没长大的孩子。你至于为了单相思而搭上自己的一辈子么！”妈妈的话，给了徐娜很深刻的启示，在意识到杜刚其实对她没有任何责任和义务之后，徐娜选择了毅然离开，她决定像妈妈说的一样开始自己崭新的生活。

因为嫉妒，杨慧迷失了心智，甚至决定要继续这么与徐娜对抗下去。实际上，杜刚作为这件事情的导火索，从始至终都不知道杨慧喜欢他，因而也就无所谓背叛。至于徐娜，也不是插足的人，完全有权利自由地恋爱和接受杜刚的追求。如果杨慧继续这样嫉妒下去，说不定还会做出什么失去理智的事情呢！幸好，妈妈一语惊醒梦中人，让杨慧适可而止，抓紧时间寻找自己的美好生活。这样，事情才算告一段落。

嫉妒，不但会让人心扭曲，也会让人们的生活随之扭曲。如果嫉妒他人的后果就是以付出自己的生活和幸福为代价，这样的嫉妒未免损失惨重。从现在开始，我们就要摆脱嫉妒，面对他人的强大，表示羡慕和祝福。对于自己不如他人的地方，有能力就追赶，能力不足就放弃。任何输赢，都比不上内心的平静淡然更重要。

适当的嫉妒，也许会激发我们的上进心，让我们拼尽全力去追赶他人。然而，一旦嫉妒之火蔓延，就会使人们迷失心智，甚至做出丧失理智的事情。因而，对于生活中那些让我们嫉妒的人和事，我们必须摆正心态，尽量宽和敦厚。当然，倘若你能发挥个人魅力，把那些优秀的人都吸引到身边，与他们成为朋友，则收获会更多。

别盲目嫉妒别人，做好自己才最重要

生活中，人们总是喜欢用娇艳欲滴的玫瑰象征爱情，也因此，玫瑰被冠以“爱情之花”的美名。作为一株蒲公英，你是不是也梦想着有

朝一日能像玫瑰一样，被包裹上漂亮的衣裙，送达最爱的人手中呢？其实，你完全不必羡慕玫瑰，因为玫瑰此时此刻正在羡慕你——蒲公英，只需要一阵风吹来，你就像是长出了翅膀，撑起小伞四处翱翔。你还能看到玫瑰所不曾看到的广袤天地，你是玫瑰最羡慕的对象。遗憾的是，这一点你却不知道，你只知道对着玫瑰的鲜艳垂涎三尺。

不管什么时候，嫉妒都是一种负面情绪。不过，嫉妒是出于主观的，只要愿意，你总还是能够控制自己的嫉妒，帮助自己摆脱嫉妒的束缚。通常情况下，人们嫉妒的对象都是在某个方面或者多个方面都比自己强的人。如果面对一个和自己相比非常弱小的人，那么人们只会产生爱怜之心，而不会真的嫉妒。此外，性格自卑内向的人也更容易嫉妒他人。因为他们不管有什么事情都喜欢深深地埋藏在心里，与他人缺乏沟通，因而情绪无法及时疏导出去，最终导致郁结于心。在这种情况下，当看到他人乐观自信的样子，嫉妒之心也就油然而生。当一个人变得自信，很多方面都能做到最好，他就不会轻易嫉妒他人，因为嫉妒本质上是对自我的贬低。既然如此，就让我们把嫉妒他人的时间用于提升自己吧。当你长出翅膀，你就能成功地绕着整个世界飞翔。

一直以来，老三都很嫉妒大哥。因为大哥是家里的长子，在那个物资匮乏的年代，家里不管有什么好吃的好喝的，都要紧着大哥享用。而下面的这些弟弟妹妹们，虽然也没少得到大哥的庇护，而且大哥几乎为他们每个人都打过架，但是嫉妒之心却始终长盛不衰。尤其是老三，同是男孩，就对大哥更加嫉妒。

直到二十年后，此时的老三人在美国攻读博士学位，早已经有知名单位与他洽谈合作意向。如今功成名就指日可待的老三，在想起大哥时总觉得很亲切。这么多年，如果不是大哥一毕业就挣钱养家，他根本没有可能这么悠然自得地一直读书、学习。因而，在回国探亲时，老三特意给大哥带了一套家庭影院，他知道，大哥最喜欢看电影了。

曾经嫉妒大哥的老三，只是因为大哥比他风光，比他得到更多，也比他承担更多。如今，老三的成就显然已经在大哥之上了，因而他的心胸也变得更加开阔，也能够公正地评价大哥对整个家庭的贡献。每个人都有属于自己的生活，盲目地嫉妒他人，只会扰乱我们自身的心绪，甚至让我们的内心变得焦虑不安。

既然知道每个人的人生都是无可比较的，我们就不要去比较，更不要因此心生嫉妒。任何事情都要辩证地看待，有的时候看似得到，实际上是在舍弃；有的时候看似舍弃了很多，却得到了命运独特的馈赠。因而，作为一株不起眼的蒲公英，你再也不要羡慕玫瑰的娇艳欲滴啦！当你尽情享受在空中的自由翱翔，玫瑰的美丽又算得了什么呢！

永远不要嫉妒他人的生活，因为他人的生活你模仿不来，即使再努力也得不到。为什么会这样呢？只因为你只有属于自己的生活。同样的道理，你的生活别人即使羡慕，也同样得不到。虽然人们常说人的命天注定，带着消极悲观的色彩和宿命论的腔调，但是你的人生的确是与众不同、无可复制的。因为你的人生与你的一切都息息相关，而你的一切都与他人不同。既然如此，不要盲目地羡慕和嫉妒他人了，活好自己才是最重要的。

化嫉妒为动力，人生会更精彩

不知道从什么时候开始，人们嘴里开始念叨着“羡慕、嫉妒、

恨”，这样一种情绪竟然成为了一句流行语。人们因为不满情绪的递增而强烈到不能自拔：羡慕是一种向往、崇拜，同时，它是嫉妒的萌芽，一个人对他人充满了嫉妒，其中肯定夹杂着羡慕的情绪；嫉妒是羡慕华丽的转身，当羡慕不能改变自己的现状，他人依然有着自己不能超越的能力，那样一种羡慕就会递增为嫉妒；恨，则是嫉妒的极限，它是由嫉妒心而延伸的，总见不得别人的好，心底就会对某人产生憎恨的情绪。

小王和小李是大学同学，大学毕业后，他们进入了同一家公司。或许，在别人看来，这是多么奇妙的缘分，可对于小王来说，却是有苦说不出。原来，两人虽然是大学同学，却也是大学时代的竞争对手。在班里，小王是班长，小李是副班长，学习成绩彼此不相上下，如果小王在歌唱大赛中得奖了，那么，小李肯定会在诗歌朗诵中取得优异的成绩。在各方面，小李似乎都略胜一筹，这让小王感到大学生涯是多么的痛苦。另外，一方面，小王克制不了自己对小李的嫉妒心，每次只要听到小李有了什么成绩，小王心中就有一种深深的恨意。

上班第一天，小李友好地向小王打招呼，没想到，小王只是冷冷地回看了自己一眼。小王在心里暗暗下决心：这一次，我一定要超过你！可是，在第二天，小王就遭受了打击，小李被任命为经理助理，职位一下子就高了很多，小王忍不住说了句风凉话：“没想到，你还是跟大学一样，手段了得。”小李忍住心中的不快，笑着说：“你说话总是这样犀利，其实，你也可以的，不妨把对我的恨意化作动力吧！”小王呆住了，自己以前那么嫉妒、那么仇恨，可是怎么都没有改变，小李还是那么优秀。如果早就将那种羡慕、嫉妒、恨化作努力、奋斗、拼，自己或许早就摆脱苦海了。

培根说：“人可以容忍一个陌生人的发迹，但绝不能忍受一个身边人的上升。”虽然，距离产生美，但是，近距离的接触却只会产生嫉妒。一个人一旦心生嫉妒，他就变得“卑劣”了，他会静静地待着，等着你出现错误，甚至，开始处心积虑地为你制造出一些麻烦。事实上，有着强烈嫉妒心的人与“小人”没有实质的差异。一般的嫉妒，只会停留在心理层面上的“恨”，对他人并不会造成多大的伤害；强烈的嫉妒心，会促使他采用一切卑劣的手段来增加自己的高度。

嫉妒源自于羡慕，不过，彼此也有细微的差异：羡慕，是指看到别人有某种长处、好处或有利条件，希望自己也能获得同样的东西；嫉妒，是指看到别人拥有这些东西，产生情绪抵触，顿时心生恨意。“羡慕、嫉妒、恨”刻画了嫉妒的成长轨迹，羡慕只是嫉妒的表层，恨才是嫉妒的核心。

1.嫉妒的憎恨是一种病态

歌德更是一句话道出了“嫉妒”与“恨”的关系，他这样说：“憎恨是积极的不快，嫉妒是消极的不快，所以，嫉妒很容易转化为憎恨，就不足为奇了。”其实，嫉妒心是人的一种本能，谁没有嫉妒过别人呢？只是，每个人嫉妒心的强弱程度不同，微弱的嫉妒可以激发人的进取心和竞争意识，这根本不算什么坏事；但是，如果一个人的嫉妒心过于强烈，整日里痛苦着别人的幸福，幸福着别人的痛苦，时间长了，人就会陷入一种病态心理。

2.将嫉妒转化为拼搏

嫉妒源于不如人，对一个人来说，若是被人嫉妒，这是一种精神上的优越和快感；嫉妒别人，只会透露自己的懊恼、羞愧，打击自信心。所谓“学到知羞处，才知艺不精”，当你嫉妒一个人的时候，是否意识到自己的短处呢？古人说：“临渊羡鱼，不如退而结网。”不要对他人

产生“羡慕、嫉妒、恨”这样的情绪，而是要化嫉妒为力量，自觉地将“恨”转化为“拼”，自强不息，让自己真正地进步！

嫉妒又能怎么样呢？那些我们不能改变的东西依然改变不了，无论是羡慕、嫉妒，还是恨，都只是我们自己的情绪表达，所伤害的其实就是自己，对他人增添不了多少烦恼。与其“嫉妒”，不如“努力奋斗”，化嫉妒为动力，如此这样，我们才能将嫉妒之心消灭。

妒忌百无一用，果断行动才是王道

仅仅消除嫉妒，并不能让我们的生活得到行之有效的改变。唯有变嫉妒为动力，变动力为切切实实的行动，我们才能真正改变生活，也更有可能获得自己梦想中的生活。从这个角度来说，嫉妒百无一用，只有果断行动才是王道，才是真切的，才是对我们的生活有切实作用的。

每一个从不嫉妒他人的人，一定有着强大的、足够美好的人生作为支撑。试想，如果你处处都不如别人，你又怎么能控制自己的嫉妒之心呢！你只有拥有自己想要的一切，或者过着自己理想的生活，对自己的状态感到非常满意，才有可能对他人的生活无动于衷，觉得那是他人的生活与你无关。否则，你就总会陷入攀比之中，嫉妒也会如影随形。

作为一名小职员，李林的人生似乎黯淡无光，每天，他都在按部就班地上班下班，几乎从来没有属于自己的兴趣爱好。回到家里之后，也只是吃饭睡觉看电视，看起来他毫无追求。不过，他有一个好处，就是从不嫉妒。

前段时间，李林所在的部门来了一个空降兵当领导。据说这个空降兵是官二代，到这个职位来只是镀金。为此，同事们议论纷纷：“不就仗着老子有钱么，就可以任性胡来。”“要不是凭着他老子当官，估计他一辈子也做不到主管的位置，简直就是个绣花枕头，中看不中用。”“还领导呢，嘴上的毛都没褪干净，我们领导他还差不多。”“总而言之，我可不愿意被这样一个人管理。”……这样的议论，愈演愈烈，每天不绝于耳。唯独李林，从不抱怨，更不嫉妒。他暗暗想道：甭管人家是富二代还是官二代，既然咱们不是，就得脚踏实地、无怨无悔地干。有一次，新领导有个文件需要马上做出来，但是当时已经到了下班时间，新领导找了好几个同事，他们都不愿意加班。这时，李林看到新领导为难和着急的模样，说：“我来做吧，八点之前交给你。”新领导如释重负，赶紧把相关资料交给李林。大家都笑话李林：“你就傻吧，人家下班去泡妞了，就你在这儿埋头苦干！这种人就该让他吃点儿苦头，要不然还以为领导多么好当呢！”李林不以为然，说：“多干没错，还能积累经验。”就这样，李林认真细致地做完文件，给领导传了过去。不想，第二天领导就带着李林参加了一个公司的高层会议，并且向在场的领导介绍：“昨天，我有重要项目谈，所以文案是李林负责做的。现在，就让他给大家详细介绍项目吧。”李林第一次在这么多领导面前露脸，当然是不遗余力。很快，李林就在公司里出名了，因为他的文案得到了诸多领导的认可和赏识。从此之后，李林俨然变成了领导的助理，经常跟着领导参加会议，商讨文案，四处出差。毫无疑问，如果领导高升了，空出来的职位肯定非李林莫属。

只会嫉妒的人永远都不可能有所成就，因为他们的心已经被嫉妒蒙蔽，只会不停地抱怨、说风凉话，或者故意刁难和为难他人，以便等着看笑话。殊不知，机会就在他们这样的推脱中渐行渐远，成功的希望也

变得越来越渺茫。

既然嫉妒对于事情的发展没有任何切实有益的帮助，我们又为何要浪费宝贵的生命用于嫉妒呢？与其嫉妒一千句，不如切切实实地做一件有意义的小事。任何时候，只有真正展开行动，才能推动事情朝着我们所期望的方向发展。

生活中，很多人都会嫉妒那些年纪轻轻就功成名就的人。其实，这样对我们没有任何好处。因为你在嫉妒他们的时候，必然会情不自禁地否定他们，哪怕是他们身上值得我们学习的很多优秀品质，你也会对其视而不见。这样一来，我们岂不是限制了自身的进步和提高么。古人云，一叶障目不见泰山，作为思想通达的现代人，我们可不能犯这样的错误啊！

适当嫉妒，激发不服输的精神

前文，我们阐述了很多嫉妒引发的恶果。然而，用辩证唯物主义的观点看，嫉妒不光光只是坏的影响，只要善用嫉妒，有的时候也会使其对我们的生活和工作产生积极正向的引导作用。很多人被嫉妒冲昏头脑，恨不得毁灭自己嫉妒的对象，但是有些人在感受到嫉妒之后，却激发出自身不服输的精神，从而就像是一位英勇的斗士，开始了与生命搏斗的过程。最终，也许会失败，但是至少努力尝试过了。如果成功，人生就会进入完全不同的全新境界。

小唐来自偏僻的农村，在这家公司当保洁，每天都要比别人更早地上班，也更晚地下班，这样才好保持办公室的清洁干净。看着那些比自己大不了几岁的女孩们每天化着精致的妆容，穿着时髦的衣服，趾高气昂地出入于写字楼，小唐感到非常羡慕。有的时候，她也会忿忿不平地想：为什么同样是人，命运却如此悬殊呢！一天午休时，她坐在茶水间的临时板凳上休息，就这么想着想着，突然想道："我还这么年轻，我不能认命，我也要获得这样的生活。"想到这里，小唐又想到自己在初中时成绩也是非常好的，还是老师们都非常宠爱的尖子生呢。后来，只不过是因为父亲身体多病，母亲一个人无力负担家庭的重担，所谓作为老大的她才无奈辍学。但是，学习应该不止一种形式吧，会计师的小丽不就在通过自学考会计师的职称么。想到这里，小唐觉得自己仿佛找到了人生的方向，简直欣喜若狂。

小唐决定考成人函授的本科，然后再像小王一样考一个职称。据说，有了文凭和职称，找工作就会很容易了。小唐可不想一辈子扫厕所，伺候人，她当即开始行动，托老乡给她在网上买了很多教材。学习对于现在的小唐而言，简直不逊于呼吸、吃饭、喝水这些维持生存的事情。她一收到教材，就开始迫不及待地看了起来。然而，有些专业知识毕竟还是很高深的，小唐在老乡的建议下，报名参加了学费最便宜的网上课程。就这样，她每个月微薄的薪水大部分给了家里，少部分除了吃馒头咸菜之外，都用于学习了。如此坚持了五年的时间，小唐如愿以偿地实现了梦想。她不但获得了法律专业的学士学位，还考取了律师资格证书。小唐身边所有的朋友都由衷地佩服她，也真心地为她高兴。

有些人因为嫉妒，会做出一些失去理智的事情，会蒙蔽自己的心性导致一叶障目不见泰山，小唐却与他们不同。小唐很羡慕那些白领光鲜亮丽的生活，也很嫉妒她们与自己年龄相仿却有完全不同的命运。但是小唐不认命，她总觉得别人能做的，她也能做到。为此，她发愤图强，

利用五年的时间自学法律本科课程，取得学士学位，而且还一鼓作气地考取了律师资格证。五年的时间，说长也长，说短也短。但是对于小唐而言，这是人生至关重要的五年，是她华丽蜕变的五年。从此之后，小唐必然与此前有大不同了。她不但改变了自己的命运，也成功地创造了属于自己的精彩人生。

心若改变，整个世界都会为之改变。心若妒忌，妒忌的毒瘤也会开出绚烂的花朵。任何事情，只要我们摆正心态，采取积极正向的态度面对，我们就能创造生命的奇迹。当你欣赏并且嫉妒他人的优秀，为何不把自己变得更加优秀呢！这样，你就会成为他人眼中的风景，让人艳羡。

第11章

做懒惰的控制者，甘于安逸是止步不前的最大原因

懒惰是一种心理上的厌倦情绪，你以为懒惰是安逸，其实它是无聊、倦怠，生气、羞怯、嫉妒、嫌恶等心态引起，促使人无法按照自己的愿望进行活动。所以，要学会做懒惰的控制者，而甘于安逸是止步不前的最大原因。

拼搏的年纪，别选择安逸

古人云，由俭入奢易，由奢入俭难。同样的道理，一个习惯了安逸生活的人是很难拼尽全力去奋斗和拼搏的，因而我们每个人在应该拼搏的年纪，都不要选择安逸，否则我们就会改变人生的轨迹，甚至因此而失去一生的幸福。有一点毋庸置疑，那就是每个人都喜欢安逸，都希望能够在安逸之中享受人生，遗憾的是，安逸不能帮助我们实现人生的辉煌，更不能帮助我们得到属于自己的成功和幸福。

人生就像是一场没有归途的旅行，虽然有预先设定好的路线，但是各种意外的情况层出不穷，频频发生，导致我们计划不如变化快。为了不给自己留下遗憾，我们也愿意尽情地享受这场旅行，但我们却需要注意，千万不要因为劳累而停下奔波忙碌的脚步。否则，我们非但不会距离目标越来越近，反而有可能导致事与愿违，距离目标越来越远。在这种情况下，我们如何能够获得长久的幸福呢？也曾有人说，生命是一场冒险，那么华丽，充满了无数的未知，简直就是探险家的乐园。虽然我们不是探险家，但是我们却应该努力成为探险家，这样我们才能在幸福到来的时刻，安然享受，于心无愧。否则，一个旅者如果始终都在第一站的驿站休息，又如何能够领略人生途中别样的风景呢！

现实生活中，有多少人之所以一生之中碌碌无为，就是因为他们在苦难和挫折面前选择了放弃。一个真正的旅者，不会因为时而到来的

风霜雨雪停下脚步，也不会因为脚底的泥泞就止步不前，他们一定会是非常勇敢地面对未知的旅程，甚至张开双臂迎接它们的到来。现实社会中，很多年轻人都选择了安逸的生活，这也是为什么很多大学毕业生选择回到家乡过按部就班地生活的原因。然而，也有少部分年轻人选择了闯荡，并非他们不愿意享受幸福和安逸，而是因为他们深知只有在最好的年纪不遗余力地拼搏，人生才会更加圆满，也能获得长久的幸福。不得不说，这样的年轻人是有远见的，他们站得更高看得更远，也由此决定了人生的大格局。

大学毕业后，马波选择回到云南老家的县城工作，龚娜则选择去了遥远的北京。这一对从小青梅竹马的好伙伴就此分道扬镳，原本若隐若现的情谊也随着距离的拉伸而渐渐消失于心底。十年过去了，马波俨然成为一名中年男性，过着最普通的日子，每天朝九晚五，按部就班，孩子也已经能打酱油了。在十年的同学聚会上，当看到这个有些秃顶且大肚凸起的男人时，龚娜不由得感慨万千。曾经，她在心底里爱着的这个男人，如今已经老了。

龚娜呢，比十年前更显得富有青春活力。如今的她与十年前俨然不可同日而语，已经胜任公司大区总监的她虽然还没有结婚成家，但是身边排长队的追求者不是这个公司的高管，就是那个公司的老总，这些男人和马波相比当然不可相提并论。想到这里，龚娜有些惆怅，就像是看着自己曾经青春的梦如今已经老得像一个皱皱巴巴的核桃，她心里酸酸涩涩的。在聚会进展过半时，龚娜终于忍不住，问马波："难道你就没有想过改变一种方式生活吗？现在的生活其实更像是养老啊，有些为时过早了吧！"马波无奈地笑了，说："生活当然不能与你的相比，不过对于我们这些留在老家的人来说，生活还是很满足的，毕竟衣食无忧，也很安逸。”听了马波的话，龚娜觉得自己心底里的梦彻底破碎了，想了想又不免觉得释然：“归根结底，每个人都有属于自己的人生。”

在应该拼搏的年纪选择了安逸，整个人生也就会像是退休人员一样，变得死气沉沉，毫无新鲜的感觉。大学毕业十年之后再聚首的龚娜和马波，俨然已经成为两个生活层次的人，一个正如奔驰的列车马力十足，一个人则俨然如同泄气的火车，已经进入平稳阶段，让人觉得无法提起任何兴致来。人生就是如此神奇，每个年龄都有每个年龄该干的事情，这是生命的自然规律，也是人生成功的秘诀之一。

年轻的朋友们，我们可以因为兴趣爱好从事一项工作，也可以因为一份野心挑战自己的极限，唯独不要因为安逸选择一份工作，否则这将会成为我们终生的囚笼，导致青春变得垂暮，导致阳光变成阴霾。即便我们因为家人的期望想要找一份安稳的工作，也应该兼顾到自己的野心和人生。要想做到这一点，拥有长远的眼光必不可少。古人云读万卷书，行万里路，虽然我们短时间内无法做到这一点，但是我们可以通过各种各样的方式开阔自己的眼界，诸如多多读书，或者做一些有意义的事情，也可以走更远的路，到达生命的巅峰。总而言之，唯独不要在享受之中过分安逸，让自己斗志全无，意兴阑珊，最终错失人生最值得珍贵的青春年华，也使得人生的列车误入歧途，影响一生的幸福大计。

让梦想照进现实

每个人都有属于自己的梦想，即使年幼的孩子，在被他人询问起梦想时，也会在脸上洋溢起自豪的微笑，诉说自己稚嫩的梦想。对于任何

人而言，人生最大的成就无非就是把梦想变成现实，正如一位作家在作品里所说的那样，梦想照进现实。这样的人往往能够获得成功，至少他们的人生是让他们满意的。然而，也不乏有些人把梦想与幻想、空想混为一谈，他们尽管大胆地张开想象的翅膀，努力去梦想，但却始终让梦想停留在空想阶段，从来没有真正想要把梦想变成现实。一味地耽于梦想会有怎样的后果呢？我们非但没有把梦想变成现实，反而失去了现实中原本拥有的某些东西，因为长久的幻想消磨了我们的斗志，使我们失去了人生的方向。在这种情况下，梦想只能起到负面消极的作用，尤其是当人生不如意时，一味地沉迷于梦想更像是鸵鸟把头埋在土里躲避危险，完全是自欺欺人。

曾经有位名人说，每个人都应该仰头看看天，这样才能让自己的目光更加长远，待人处事时也不会因为鼠目寸光，导致错失良机。我们要说，做人除了需要偶尔仰首看看天空，更要时不时地低头看看脚下。任何梦想不但要面对虚空的天空，更要面对脚踏实地的大地。台湾著名女作家三毛也曾说过，勇敢者从不畏惧生命的重负，而是始终脚踏实地地朝前走去。的确，做人要脚踏实地，把每一步都踩在坚实的土地上，因而对待梦想也要使之符合实际，切合实际，更能够变成现实。

现代社会，脚踏实地的人越来越少，空虚浮躁的人越来越多。他们以为梦想就是虚空，因为在说起梦想时口若悬河，滔滔不绝，但是真正等到要把梦想变成现实时，他们却目瞪口呆，无计可施。不得不说，梦想与现实的严重脱节是人生的悲哀，而我们理应成为命运的主宰，成为人生的强者，这样才能掌控自己的命运，在为了命运奔波时，要始终不忘初心，朝着目标奔驰而去。

一直以来，虽然他只是一名普普通通的侍者，但是他始终梦想着终

有一日拥有自己的大酒店。为此，他面对每一个客人都非常真诚，也尽心竭力，他不愿意错过任何一个为客户服务的机会。一个冬末春初的夜晚，天气乍暖还寒，他守在酒店大厅里值班，街道上人影稀少。突然，酒店大门被推开，一对年老的夫妻走进来。然而，此时此刻已经没有房间了，想到这对夫妻也许还要在寒冷的夜里四处奔波投宿，他把他们带到一间房子里，说："它或许并不完美，但是至少能给你们一晚的温暖。"年老的夫妻看到房间干净清爽，因而高兴地住下了。

次日清晨，年老的夫妻来到前台结账，他却说："不用结账，那是我的房间。祝愿你们拥有愉快的路程！"原来，他为了让老夫妻安然度过一整夜，自己在前台凑合了一整晚。老夫妻感动极了，丈夫激动地说："孩子，你是最优秀的侍者，相信我，你一定会有回报的。"侍者笑而不语，把老夫妻送出门外。直到有一天，他接到了一封信，信里有一张单程赴纽约的机票。原来，那天他接待的老夫妻是一对富豪，为了报答他的敬业，他们回到纽约之后买下了一幢大楼，并且将其装修成金碧辉煌的大酒店，交给他来经营打理。从此之后，这个世界上就有了希尔顿，它的第一任经理的故事也一直流传下来。

对于很多侍者而言，也许都梦想着有朝一日能够拥有自己的酒店，但是他们在工作中却因为好高骛远，从来不愿意用心对待每一位客人。事例中的侍者却不同，他虽然眼下还在酒店里当一名普通的侍者，但是他却真正是把酒店当成自己的事业在经营。正是在这样的情况下，他用心地对待年迈的旅客，最终博得他人的认可和赞赏，也使得自己的人生发生了转机，迎来了奇遇。倘若那天接待这对老夫妻的是另一个侍者，偏偏他心浮气躁，只是厌烦地把老夫妻打发走了，自己就回到房间里呼呼大睡，那么这个世界上无疑会少一个大名鼎鼎、服务一流的酒店，也就没有了希尔顿的传奇故事。

不管是做人还是做事，我们都要脚踏实地。任何时候都不要梦想着成功能够一蹴而就，哪怕今时今日的你还处于社会底层苦苦挣扎，也并不妨碍你把手里的事情当成毕生的事业去完成，去成就。唯有怀着一颗踏踏实实的心，我们才能走好人生的每一步，也让自己在稳扎稳打中获得成功的青睐。

严格自律，成为欲望的主宰

生活中很多人都在抱怨，觉得命运赐予自己的太少，给予他人的却很多。在这样喋喋不休的抱怨之中，我们原本平静的心情也不复存在，反而失去了内心的坦然，变得更加焦灼不安。其实，每个人都想得到很多，尤其是在这个物欲横流的社会，我们的内心变得更加空虚，似乎需要更多的物质才能填满。其实，欲望的沟壑是永无止境的，任何时候我们如果放任欲望发展，那么我们就会陷入欲望的深渊中无法自拔。要想让自己的心感到满足，一味地追求欲望的满足根本不可行，最重要的是要学会严格的自律，唯有成为欲望的主宰，也成为命运的主人，我们才能驾驭人生之舟在欲望的海洋上航行，到达人生幸福的彼岸。

一个人必须自律，才能有所成就，当然控制欲望只是其中至关重要的一点，除此之外，我们还要学会修炼和提升自己的品行心智，这样才能不断自我反省，自我完善，自我成就。试想，倘若一个人连自己的主都做不了，又如何能够恰到好处地把握命运，实现人生的圆满呢！

1881年9月25日，鲁迅出生于浙江绍兴。到他这一代，家道已经中

落，鲁迅却自幼聪明勤奋，努力上进。他在12岁时进入三味书屋，进行了为期五年的学习。如今，他当年在三味书屋学习的书桌还摆放在纪念馆里呢！

13岁那年，鲁迅的祖父入狱，又因为他的父亲身体孱弱，导致家境每况愈下。为了给父亲买药，鲁迅经常需要拿着家里的旧东西去当铺当掉，然后再奔赴药店买药。有一次，因为父亲的病情突然恶化，鲁迅一大早就在当铺和药店之间奔波，到学校的时候已经迟到了。老师为此责骂他："小小年纪就如此贪睡，再有迟到的情况发生就不用来了。"鲁迅没有进行任何辩解，只是默默地点点头。次日，鲁迅早早来到学校，在硬木书桌的一角刻上了"早"字。从此之后，他再也没有迟到。因为父亲的病情越来越严重，他经常需要奔波于当铺和药店之间，还要干很多家务，为此他总是抹黑起床，把一切事情都处理好再气喘吁吁地跑进学堂。他经常看着课桌上的"早"字，鼓舞和激励自己。

在父亲去世之后，鲁迅依然留在三味书屋读书。书屋里的寿镜吾老师和书桌上的那个"早"字，给鲁迅的一生都留下了深刻的印记。后来，鲁迅不管是在江南水师学堂读书，还是工费去日本留学，又或者是弃医从文，都始终严格自律，最终成为一个文坛上的巨人，著作等身，而且他的很多作品还被翻译成各种文字，在世界各地广泛传播。

鲁迅先生的一生是战斗的一生，他从未因为人的本性而有过任何懒惰，在一生之中更未曾有过丝毫懈怠。他始终斗志昂扬，成为了一名拿着笔的战士。正因为如此，他才能成为文化的标兵，也才能在恶劣的环境中始终保持激扬的斗志，让自己不辱历史的使命。

现代社会，人们面临的诱惑越来越多，在这种情况下，很多人都迷失了本性，随波逐流。其实，越是在这种四面楚歌的情况下，我们越是

应该努力提升自己的意志力，让自己拥有严格的自律。唯有如此，我们才能成为自己命运的主宰，也才能成为人生的掌舵手。从本质上来说，每个人的人生都是不可复制的，我们唯有坚定不移地做好自己，也管好自己，才能拥有精彩的、与众不同的人生。

细节是决定成败的关键

现代社会，还有哪个行业的独木桥上没有挤满了竞争者吗？可以说，每个行业都充斥着竞争者，人们彼此之间互不相让，都想在独木桥上一夫当关，万夫莫开。为什么现代社会竞争如此激烈呢？究其原因，就是因为如今的大学毕业生越来越多，走出家门走入社会广阔天地的人也越来越多。其实，大多数竞争者之间的客观条件并没有太大的差异，也许都是大学毕业生，也许毕业的院校也差不多同一档次，也许都富有野心想要成就未来，那么如何才能在这相差无几的竞争优劣中展现自己呢？归根结底，细节是决定成败的关键。

所谓细节，也许就是那些我们容易轻视的环节，看起来非常简单，也没有太高的技术含量，甚至只需要用心一些就能做好，但是偏偏就是这些地方，拉开了竞争者们之间的差距。一件事情的成败，显而易见的地方每个人都会做得无懈可击，真正展现人们真实水平的，就是那些不引人注目的细节。无数的经验和教训告诉我们，也许百分之百的失败并非是因为犯了百分之百的错误，而只是因为百分之一的疏忽。所以面对如此激烈的竞争，职场人士要想获得成功，就要在他人不关注的细节之处下功夫。一个细节能够让你走向成功，一个细节也会导致你全盘皆输，唯有端正心态严肃对待，我们才能毫不懈怠，时时处处都注重细节，从而帮助自己成就圆满人生。

很小的时候，王永庆就表现出勤奋好学的特质。当时因为家境贫困，无力供养他读书，所以他不得不辍学做生意。为了维持生计，王永庆十六岁的时候就在嘉义开了一家米店，当时嘉义那个小地方已经有了三十多家米店，因为同行之间竞争非常激烈。由于王永庆没有大量的流动资金，所以他的米店位置非常偏僻，再加上店面也小，因而毫无竞争优势。看到每天的生意都冷冷清清的，王永庆不由得着急起来。他渐渐意识到：要想让米店有立足之地，就必须在服务上下功夫。当时，大米还不像现在这么干净，总是掺杂着很多砂石，这让整日做饭的家庭主妇们非常苦恼，因为她们不得不为此投入更多的时间和精力。但是所有米店的米都是如此，因为她们也毫无选择，只好继续这样的生活。王永庆独出心裁，居然带着家人认真筛除了大米里的砂石，让主妇们不需要再进行烦琐的流程，就能为家人做出香喷喷、毫不牙碜的米饭。

很快，王永庆的大米没有砂石的消息就四处流传开来，很多家庭主妇都特意来到他的米店购买大米。就这样，王永庆米店的生意越来越好，他成功地为自己赚取了人生的第一桶金。也正是因为这段时间的收入，才能让他米店的生意取得了更好的发展。

我们都出在一个以细节致胜的时代。任何行业任何人，要想获得长远的发展，都必须关注细节。正如海尔的服务为海尔带来良好的口碑一样，这也是以细节致胜的典范。老子曾说，天下大事，必作于细。这句话告诉我们，细节决定成败，只有把细节做到位，我们才能在人生之中赢得更多的好机遇。

一个粗枝大叶的人也许看起来豪放粗犷，但总是因为细节的不到

位而差强人意。在这种情况下，我们必须更好地注重细节，完善细节，让细节尽量完美，才能成就自己。正如一滴水也能折射出太阳的光辉一样，细节也同样能够表现出我们与众不同的品质。朋友们，让我们改变心浮气躁的坏习惯吧，任何简单的事情只有做到极致，才能绽放异彩，给我们带来意外的收获和惊喜。每个人都想拥有完美的人生，殊不知一切的完美都是由一个个细节之处的完美组成的。唯有把握点滴之处，才能更加趋于完美。否则，也许小小的懈怠能给你带来片刻的轻松，最终却会使你的人生距离完美渐行渐远。孰重孰轻，相信明智的朋友一定会做出选择。

明天的你，感谢今天努力的自己

每个人在心中对于自己都有一定的描绘，随着生命历程的推进，这种描绘也在不断地改变。然而，无论怎样，我们对于未来的自己都憧憬着美好、成功、完美。总而言之，我们恨不得占尽所有的真善美，得到人世间一切值得骄傲的东西。在幼儿时期，我们也许最崇拜的人是妈妈，因为妈妈总是像个魔法师，能够转瞬间变出美味的食物，还能在我们哭泣时帮助我们擦干眼泪。等到渐渐长大，已经是儿童的我们开始崇拜老师，小小的脑袋里怎么也想不明白老师为什么无所不知，尤其是站在讲台上的老师更是犹若帝王，字字珠玑。青春期到来的时候，我们既不想成为爸爸妈妈，也不想成为老师，我们恨不得把自己变得谁也不认识，成为宇宙间最独特的存在。进入恋爱时，我们又开始不假思索地崇拜那个我们单相思很久的恋人。在漫长的成长过程中，我们不停地给自己树立榜样，恨不得成为每一个我们崇拜的人。然而，最终，心智成熟的我们发现，我们无法变成任何人，我们只能成为自己。

如果注定了你谁也不是，谁也不像，你只能是自己成就的样子，你是否会在年少时更多几分努力，而少几分张狂。你会不会在情窦初开时，挤出更多的时间充实自己，而不是一味的花前月下？不可否定，生命中有太多的东西吸引我们，让我们根本不可能全力以赴心中的梦想。等到我们真正明白理想有多重要时，时光已经匆匆流逝了。所以，本文就要告诉大家，明天的你究竟怎样，完全取决于现在的你有多努力。

这个世界上没有无缘无故的成功，即使你是富二代、官二代，你也必须凭借自己的能力才能生活得更好。生活永远在别处，很少有人对于自己的生活感到完全的满意。在这种情况下，我们必须努力，除此之外，别无出路。

作为我国著名的数学家，华罗庚的成才之路并非一帆风顺。华罗庚出生于1910年11月12日，他的家乡在江苏省金坛县。那个年代，家家户户都很贫穷，华罗庚家里也不例外。但是，他非常热爱学习，从小学到初中，成绩始终名列前茅。有一次，初中数学老师给全班同学出了一道数学题：“今有物不知其数，三三数之余二，五五数之余三，七七数之余二，问物几何？”正当其他同学还沉浸在苦苦思索中时，华罗庚就站起来毫不迟疑地说出了答案——23。看到华罗庚如此才思敏捷，老师当即表扬了他。从此之后，华罗庚就与数学结下了不解之缘。遗憾的是，因为家庭贫困，父母实在无力继续供养华罗庚，因此华罗庚只读了初一，就辍学回家了。当时，华罗庚家里正好开了一家杂货铺，因而他一边帮助父母看守杂货铺，一边抓住点滴的时间苦练数学题。经过长久的自学，华罗庚在数学上的学习从未中断。后来，清华大学数学系主任熊

庆来读了华罗庚的论文《苏家驹之代数的五次方程式解法不能成立的理由》，非常赏识他的才华，因而特意向他发出邀请，让他来到清华大学当教师。在清华历史上，华罗庚是第一次有此殊荣的人。

华罗庚在数学领域的造诣有目共睹，他不但有很多研究成果，而且还为国家培养了很多优秀的人才。在数学的天地里，华罗庚无疑是一颗璀璨的明星。

从华罗庚的事例上我们不难看出，一切的成功都源于人们自身的努力。否则，即使客观条件非常好，如果缺乏努力，任何人也是无法成就自己的。假如华罗庚从辍学之后就老老实实地和父母经营杂货铺，那么他也许一辈子就会碌碌无为。但是他没有屈服于命运的安排，而是努力地改变命运，最终成就了自己。也许有人会说是因为熊庆来，华罗庚才能前无古人地进入清华大学，形成命运转折。我们要说的是，熊庆来的赏识，正是因为华罗庚的努力和才识。毫无疑问，熊庆来不会赏识一个看守杂货铺的小伙计，但是他却会赏识一个在数学领域有独特造诣的人。换言之，华罗庚的好运完全是自己努力的结果，因而，当你嫉妒他人的幸运，不如从现在就开始努力。

华罗庚终于变成了自己想要成为的人，那么你呢？你距离自己理想中的样子还差多远？你愿意以怎样的方法实现自己的梦想？古人云，天时地利人和。的确，成功需要诸多因素的综合作用，尤其是在竞争激烈、人才辈出的现代社会。永远不要抱怨自己承受了巨大的压力，因为那些成功的人承受的压力远远大于你。永远不要觉得自己努力得太迟，因为只要开始就有希望。从此时此刻起，就让我们怀揣着梦想，努力成就自己吧！要记住的是，成功从来不是一蹴而就的，一朝一夕的努力并不能让你有明显的改变。要想获得成功，仅仅努力远远不够，还要在一切艰难坎坷中持续不懈地努力，你才能距离自己的梦想越来越近！

习惯努力，让梦想变成现实

在大学开学的第一天，教授就问同学们：“两点之间，怎样才能做到最短？”听到这个学习中听到老师强调过无数次的数学题，同学们都有些不以为然。他们异口同声地回答：“直线。”还有个同学大声喊道：“小学生都知道这个问题的答案。”教授却很平静地说：“没错，从数学范畴来说，同学们的回答是完全正确的。但是从人生的角度来说，同学们的回答却有所欠缺。两点之间最短的距离，既有可能是直线，也有可能是曲线。因为在人生之中，成功的定义并不以直线和曲线作界定。在通往成功的路上，如果你选择了最短的直线，但是却并没有如愿以偿地实现成功，无疑你是失败的。相反，如果你们虽则选择了一条弯曲的路，但是最终却如愿以偿地实现了自己的心愿，那么即使你多走了很多弯路，那么你也是成功的。由此可见，对于成功人生的定义，我们必须重新思考和斟酌。”教授的这番话，把同学们带入了深思。的确，人生的路对于每个人而言都是不一样的。我们唯有让努力变成一种习惯，不要总是奢求捷径，才能实现梦想。

一个人做一件事情并不难，难的是把一件事情做到极致，例如努力。众所周知，每个人的天赋和资质都是不同的。即使资质平庸，只要坚持努力，人们也能够最大限度地发挥自己的能力。当努力成为一种习惯，你也就离成功越来越近。

春秋时期，人们都尊称孔子为“圣人”。孔子的门下有两千多弟

子，弟子们全都非常尊重孔子，虚心向他求教。如今，流传百世的《论语》，就是关于孔子言行的记载。《论语》中记载道，孔子虽然学识渊博，但是依然虚心好学，经常向他人请教。有一次，孔子去太庙祭祖，刚刚进到庙里，就惊奇地连连提问。见此情形，有人笑着说："孔子的学问这么大，为什么还有这么多不懂的呢？难道他不怕这么问别人丢面子吗？"孔子听到这个问题，不以为然地说："遇到不懂的就要问，这很正常啊！"这时，有个弟子请教孔子："孔圉去世之后，人们为什么称呼他孔文子呢？"孔子严肃地说："因为他聪明好学，不耻下问，所以人们才尊称他'文'。"弟子们思来想去，感慨而又敬佩地说："老师经常求教他人，也是不耻下问呀！"

晋代，车胤家境贫寒，维持基本的温饱都很困难，因此家里根本没有多余的钱供他读书。在白天随同父母一起辛苦劳累一天之后，他很想利用晚上的宝贵时间多多读书，却因为没钱买灯油，只能白白浪费一个又一个夜晚。一个夏日的夜晚，车胤正在院子里温习一篇文章，突然看到天空中飞着一闪一闪的萤火虫。在漆黑的夜里，萤火虫的光芒看起来并不微弱呢！他脑海中灵光一闪，马上飞奔回到屋子里，翻箱倒柜的找出一只白绢口袋，然后又努力抓了几十只闪闪发光的萤火虫，最后把白绢口袋系紧，悬挂在头顶上。尽管萤火虫的光芒没法和油灯相比，但是总算有了一丝丝光芒。从此之后，只要是在有萤火虫的季节，车胤就会抓来萤火虫照明，刻苦读书。后来，车胤学有所成，最终考取了功名，入朝为官。

对于比自己地位低下的人，能够虚心求教，这就是不耻下问。大凡成功人士，大多数都拥有不耻下问的精神。他们虽然本身学识渊博，经验丰富，却依然怀着空杯心态，抓住生活中的每一个机会积极上进。

就连被尊称为“孔圣人”的孔子，也能够在遇到不懂的问题时就虚心求教，我们作为普通人，才华浅薄，更应该怀着积极上进的心。在第二个事例中，车胤因为家境贫寒，无法入学读书，又因为家里没有多余的钱买灯油，因而不得不白白浪费宝贵的夜晚。后来，他看到萤火虫时突然想出了好主意，从此以后就借着萤火虫微弱的光读书，不得不说这是对于学习执着的热爱。

我们每个人，不管是有天赋的，还是资质平庸的，都应该把努力作为一种习惯。通往成功的道路总是充满坎坷和挫折，从来没有任何人能够一蹴而就。在这种情况下，我们必须坚持努力，习惯努力，才能以勤补拙，最终越来越接近自己的人生理想和目标。

参考文献

[1]毕勇. 自控力：如何掌控自己的情绪和生活[M].海南：南海出版公司，2014.

[2]谷元音. 图解自控力心理学[M].北京：人民邮电出版社，2016.

[3]凯利·麦格尼格尔.自控力[M].北京：文化发展出版社，2017.

[4]西武. 心理学与自控力[M].黑龙江：哈尔滨出版社，2017.

[5]曾杰. 情绪自控力[M].江西：江西人民出版社，2017.